# Transports urbains publics et privés au Congo : enjeux et pratiques sociales

**Etudes Africaines**
*Collection dirigée par Denis Pryen et François Manga Akoa*

**Dernières parutions**

Tahirou BAH, *Mali : le procès permanent*, 2010.
Aly Gilbert IFFONO, *Résistance et survie, Un peuple de Guinée face aux colonisations : les Kissia (Guinée, Libéria, Sierra Leone)*, 2010.
Kiatezua LUBANZADIO LUYALUKA, *La religion Kôngo, Ses origines égyptiennes et sa convergence avec le Christianisme*, 2010.
Kiatezua LUBANZADIO LUYALUKA, *L'inefficacité de l'église face à la sorcellerie africaine*, 2010.
Richard EYASU, *Démocratie en Afrique francophone : une pure fiction*, 2010.
Ambroise V. BUKASSA, *Congo-Zaïre : éternel rebelle au consensus politique*, 2010.
Arlète TONYE, *Pratique juridique des financements structurés en Afrique*, 2010.
Hugues MOUCKAGA, *Les Bapunu du Gabon, communauté culturelle d'Afrique centrale*, 2010.
Moïse LIDA KOUASSI, *Témoignage sur la crise ivoirienne, De la lutte pour la Démocratie à l'épreuve de la rébellion*, 2010.
Jean Damien MALOBA MAKANGA, *Les précipitations au Gabon : climatologie analytique en Afrique*, 2010.
Jean-Alexis MFOUTOU, *Essai sur la traduction : Faits divers et lexique français-munukutuba*, 2010.
Pierre-Marie METANGMO, *Peut-on sauver le Cameroun ?*, 2010.
Hygin Didace AMBOULOU, *Le Droit des collectivités locales au Congo*, 2010.
Borice MOKELE, *Monseigneur Ernest Kombo. Ami de Dieu et des hommes*, 2010.
Auguste OWONO-KOUMA, *Mongo Beti et l'Eglise catholique romaine*, 2010
Bali DE YEIMBEREIN, *Dessine-moi la Guinée !*, 2010.

GASTON M'BEMBA-NDOUMBA

# Transports urbains publics et privés au Congo : enjeux et pratiques sociales

L'Harmattan

**Du même auteur**

- **Ces Noirs qui se blanchissent la peau : la pratique du « maquillage » chez les Congolais.**
  Ed. L'Harmattan, Paris 2004.

- **Les Bakongo et la pratique de la sorcellerie : ordre ou désordre social.**
  Ed. L'Harmattan, Paris 2006.

- **La femme, la ville et l'argent dans la musique congolaise : regard sociologique sur l'imaginaire urbain.**
  Ed. L'Harmattan, Paris 2007.

- **Un coup de théâtre : histoire du théâtre congolais.**
  Ed. L'Harmattan, Paris 2008.

- **La folie dans la pensée Kongo.**
  Ed. L'harmattan, Paris 2010.

- **Ma première colo.**
  Ed. Bénévent, Nice 2010.


5-7, rue de l'École-Polytechnique ; 75005 Paris

http://www.librairieharmattan.com
diffusion.harmattan@wanadoo.fr
harmattan1@wanadoo.fr

ISBN : 978-2-296-12072-3
EAN : 9782296120723

*À Gloria-Fanny*

*et Claire*

# Introduction

L'organisation des transports urbains constitue, à l'heure actuelle, une préoccupation aussi bien pour les pouvoirs publics que pour les populations des grandes villes, en raison de l'importance et du rôle qu'ils jouent dans le développement socio-économique et culturel de chaque pays.

Le fonctionnement des transports urbains dans les villes d'Afrique noire, précisément Brazzaville, a été marqué, depuis toujours, par une situation d'instabilité quasi permanente. A des périodes fastes marquées par des dotations d'autobus de grande capacité par les autorités publiques, se sont succédé d'assez fréquents moments de crise, caractérisés par la prise en main du service public de transport par le secteur privé.

La demande de transport s'accroît d'année en année avec l'extension considérable du périmètre urbain. Le problème des transports se pose aujourd'hui en des termes nouveaux en raison de la taille de l'espace urbain, de sa croissance rapide et surtout en raison de la disproportion entre les moyens financiers disponibles à l'échelle des problèmes.

Quand on sait à quel point la dynamique urbaine est nécessaire pour absorber une grande partie de l'augmentation globale de la population, on est frappé du peu d'attention accordée par les autorités congolaises aux problèmes des transports urbains et aux solutions qui peuvent y être apportées. André MOUTSARA[1], inquiet de la dégradation du système de transport à Brazzaville, souligne que *« si les tendances actuelles se poursuivaient, la ville*

---

[1] MOUTSARA (André) : « Caractéristiques du tissu urbain de Brazzaville » in : journée d'étude : actes du colloque de géographie. FLSH 1986 (pp34-59).

*de Brazzaville connaîtra davantage de sérieux problèmes de transport ».*

Le transport urbain n'est pas seulement l'action de transporter une personne d'un lieu à un autre, mais il est également un réseau de communications et d'échanges à travers lequel plusieurs individus ou groupes sociaux créent des rapports divers qui contribuent à la dynamique sociale.

Il assure les fonctions économiques de production (formation, accès au lieu de travail), de reproduction (accès aux marchés pour les achats courants de nourriture) ou d'échange social (familles élargies, amis, et autres).

Cette étude pour être complète devrait intégrer le système de transports collectifs (encore appelés « taxis cent-cent »), taxis à la course ou ordinaires, cars de ramassage par l'employeur, voitures particulières. Mais en ce qui nous concerne, nous nous contenterons d'étudier les transports collectifs privés en raison du rôle important qu'ils jouent à Brazzaville.

Depuis que les services municipaux ont renoncé au monopole qu'ils détenaient sur les transports collectifs publics, le transport des personnes, à Brazzaville, est assuré par un système informel soutenu par des opérateurs privés. L'intérêt de ce travail est d'étudier les conditions d'apparition, le fonctionnement, et les limites de ce système de transport ; si possible d'apprécier son impact dans la dynamique de la ville.

## Position du problème

La croissance démographique des centres urbains en Afrique pose d'importants problèmes de transport. Ainsi, de Dakar à Kinshasa, en passant par Abidjan et Yaoundé, ce problème est loin d'être complètement résolu. Et Brazzaville, l'une des grandes villes du continent, avec environ 2.700.000 habitants aujourd'hui, n'échappe pas à ce fléau.

Le réseau routier implanté à l'époque coloniale a des conséquences sur les déplacements de la population, sur leur longueur et leur importance, et pose des problèmes de desserte de nature tout à fait nouvelle entre le centre des affaires et les quartiers populaires.

Par ailleurs, ce tracé n'a pas été restructuré depuis l'indépendance. Il en résulte qu'il est essentiellement tributaire des radiales qui avaient servi à l'époque coloniale d'anciens passages obligatoires, amenant la circulation au centre-ville. Dans une réflexion faite sur la structure de la ville africaine française, Pierre Vennetier relève que *« le manque de voirie transversale oblige tous les flux à converger vers le centre-ville, en créant des embouteillages aux heures de pointe, et en empêchant ainsi la ville d'organiser rationnellement le réseau de circulation »*[2].

Cette disposition ne facilite pas les choses aux sociétés de transport pour la desserte de tous les quartiers de la ville. Plusieurs sociétés parapubliques de transport se sont succédé entre 1960 et 1989. C'est le cas de la Société Anonyme des Transports Africains (SATA.) entre 1960 et 1964, celui de la Régie Municipale de Transport Brazzavillois (RMTB), de la Société de Transports de

---

[2] VENNETIER (Pierre) : L'urbanisation et ses conséquences au Congo. Cahier d'Outre-mer – Paris, 1963.

Brazzaville (STB) entre 1972 et 1985, de la Société des Transports Urbains de Brazzaville (STUB) entre 1985 et 1987, et de la Régie Autonome de Transports Brazzavillois (RATB) de 1987 à 1989.

Si la faillite successive de toutes ces sociétés était liée à une mauvaise organisation interne de chacune d'elles, à savoir : *« problèmes de trésorerie, absence d'un régime juridique, mauvaise politique d'entretien du matériel, et la mauvaise politique en matière de transports urbains »*[3], il n'en demeure pas moins que la structure urbaine de la ville de Brazzaville est citée comme le handicap majeur ayant favorisé cette crise à répétition.

La crise des transports urbains n'est pas le simple fait de la structure de la ville, car l'inefficacité de l'urbanisme colonial a eu des répercussions néfastes sur l'aménagement du territoire, entraînant ainsi l'exode rural et un accroissement spontané de la population locale.

Lors du premier recensement de la population de Brazzaville en janvier 1940, l'administration coloniale dénombre 5.300 habitants dont 248 Européens. *« Pendant cette période, Brazzaville compte deux quartiers populaires : Bacongo et Poto-Poto, et un quartier européen : le centre-ville »*[4].

Au dernier recensement de 1984, la population de la ville de Brazzaville était de 585.812 habitants. Et le plan directeur d'urbanisme prévoit une population de 1.787.742 habitants en l'an 2000[5] et de 2.714.618 habitants en 2009.

Brazzaville s'étend aujourd'hui sur 18 km environ et couvre une superficie de 69,4 km2. Centre politique, administratif et commercial du Congo, *« Brazzaville est un nœud de communication des voies terrestres, ferroviaires et fluviales desservant le*

---

[3] Direction Générale de l'Administration Routière : Rapport annuel de l'année, 1992 Brazzaville, 1992.

[4] BALANDIER (Georges) : « Sociologie des Brazzavilles Noires » – Edition Armand Colin, Paris 1954.

[5] DIAFOUKA (Félicien) : « Evolution de la population active et de l'emploi à Brazzaville ». in : Actes du colloque de géographie. MFCAC / ORSTOM / AGECO Brazzaville 1986.

*nord du pays et la République Centrafricaine, à partir du port maritime de Pointe-Noire »*[6].

De nombreuses aires géographiques se sont créées spontanément donnant lieu à des nouvelles circonscriptions administratives.

Ainsi, de quatre arrondissements en 1964, Brazzaville compte depuis 1984 sept arrondissements qui sont : Makélékélé, Bacongo, Poto-Poto, Moungali, Ouenzé, Talangaï et Mfilou.

L'accroissement de la population locale et l'exode rural ont eu pour conséquences directes, l'extension de la ville et la dégradation du tissu social et des équipements sociaux. C'est cette réalité sociale qui a permis à Pierre VENNETIER de souligner que *« la capitale est devenue le point d'aboutissement des flux migratoires importants qui drainent des millions de paysans. Par conséquent, l'éclatement du tissu urbain de la capitale, débordée par les évènements, donne l'image d'un vêtement trop petit qui ne peut plus contenir un enfant devenu grand »*.

Il est aujourd'hui très difficile d'imaginer une ville dépourvue d'un système de transport des personnes organisé. On assisterait à une paralysie ou à une asphyxie de la ville. Suite à la défaillance chronique des sociétés publiques de transport dans les villes africaines, les pouvoirs publics ont favorisé le développement alternatif des moyens de transport privés.

Ces nouveaux moyens de déplacement existent dans la plupart des villes africaines. Et dans chacune d'elles, ceux-ci portent un nom spécifique. C'est ainsi qu'on les nomme : « Kimalu-Malu » à Kinshasa, les « Dourou-Douroumi » à Bamako, les « Gbakas » à Ouagadougou, les « Matatu » à Nairobi et les « Foula-Foula » à Brazzaville »[7].

Ces moyens de transport informels se sont adaptés aux conditions locales afin de répondre tant bien que mal aux besoins

---

[6] VENNETIER (Pierre) : L'urbanisation et ses conséquences à Brazzaville CRETH – UPA – Paris 1989.

[7] LELO (Nzuzi) : Urbanisation et aménagement en Afrique Noire CDU et SEDES – Paris 2000.

de déplacement des habitants. Les « foula-foula » et les « taxis cent-cent » apparaissent comme étant des productions sociales créées pour atténuer les angoisses des usagers vivant dans une tension sociale du fait du volume important de la société. Abordant la question des transports collectifs à Brazzaville, Xavier GODARD et Joseph KAMA affirment que *« la montée du secteur privé dans le transport urbain est une volonté sociale manifeste exprimée pour briser le monopole déclaré des services municipaux »*[8].

Mais le système de transport privé, réclamé vivement par les usagers pour combler le vide laissé par les transports publics, ne semble plus satisfaire les attentes des Brazzavillois.

Les « Foula-Foula » (bus et minibus) et les taxis « cent-cent » sont aujourd'hui l'objet de plusieurs critiques.

Les usagers se plaignent de la desserte insuffisante, du sectionnement permanent des lignes en des tronçons beaucoup trop courts (ce qui a pour conséquence l'augmentation de coûts de transport des usagers), du manque de confort et de conditions d'hygiène nécessaires. Les piétons et les automobilistes dénoncent leur conduite inconsciente et les risques d'accident qu'ils créent. Les autorités municipales, par contre, invoquent le non-paiement des taxes administratives, et le non-respect des règles de circulation et d'exploitation.

Toutes ces plaintes relèvent de deux phénomènes principaux. Pour Xavier GODARD, il s'agit *« d'une gestion sommaire et d'une inorganisation du secteur »*[9].

Pour tenter de saisir les opinions des consommateurs sur leur insatisfaction, André KIADI se demande *« pourquoi les usagers se plaignent-ils du mode actuel de transport urbain ? Les « Foula-Foula » posent-ils réellement un handicap dans la gestion de la*

---

[8] GODARD (X) et KAMA (J) : « Le système de transport collectif à Brazzaville » in : actes du colloque de Géographie MFCAC / ORSTON / AGECO – Brazzaville 1986.

[9] GODARD (X) : « Quel modèle de transports collectifs pour les villes africaines ? » In : Politique Africaine, mars 1985.

*ville ? Si désorganisation il y a, n'est-elle pas la conséquence d'une précarité d'infrastructures ?* [10]*»*.

La plupart des colloques, séminaires, ou travaux de recherche qui ont abordé le problème de l'organisation des transports collectifs privés à Brazzaville imputent leur défaillance aux aspirations économiques des transporteurs, sans toutefois tenir compte des contradictions internes au système, de l'état d'infrastructures disponibles et de la façon dont les usagers perçoivent les transports urbains et souhaitent les améliorer.

Cette étude est donc l'occasion de nous interroger : pourquoi le fonctionnement du système informel n'est-il pas à la hauteur de la demande sociale ? A quoi est due l'instabilité permanente dans l'organisation de transport à Brazzaville ?

Pourquoi le contrôle et l'organisation des transports collectifs deviennent le lieu où se cristallisent les rapports sociaux à Brazzaville ?

Plusieurs niveaux de compréhension, a priori, peuvent être considérés pour mieux saisir le fonctionnement et l'organisation du système informel de transports collectifs à Brazzaville.

La précarité des conditions de travail du secteur informel ne permet pas aux employés des transports urbains d'offrir toujours aux usagers la qualité des services souhaités. Les infrastructures urbaines des transports relèvent traditionnellement de la compétence des pouvoirs publics (Etat, municipalité). Or, la ville de Brazzaville est caractérisée par un sous-équipement en infrastructures routières. Cette situation trouve son explication dans l'absence d'une politique dans le domaine des transports urbains. Les performances de ce système sont donc fonction de l'état des infrastructures. La compréhension du fonctionnement du système des transports collectifs privés peut également s'expliquer par l'absence d'une politique urbaine fondée sur une planification participative « indirecte » dans laquelle la consultation des usagers

---

[10] KIADI (A) : Représentés et représentants des moyens de transport en commun à Brazzaville – Mémoire de Licence – FLSH – Brazzaville – 1999.

sur les questions liées à leur existence et leur survie paraît fondamentale.

## PRÉSENTATION SOMMAIRE DU CONGO

### Situation

Pays d'Afrique centrale, traversée par l'équateur, la République du Congo s'étend en latitude, entre 4 degrés Nord et 5 degrés Sud, et en longitude entre 11 degrés Est et 18 degrés Ouest.

### Dimension

Elle s'étale sur 342.000 km2, superficie assez modeste qui place le Congo parmi les pays les moins étendus d'Afrique centrale. Sa superficie est comparable à celle de l'Italie (301.000 km2), de la Côte d'Ivoire (322.000 km2), de la Pologne (312.000 km2), du Japon (301.000 km2).

Dans sa plus grande longueur, le pays mesure environ 1.200 km (Sud-Ouest au Nord-Est) pour une largeur de 400 km au niveau de l'équateur.

### Limites

Ses limites sont celles héritées de la colonisation aux termes des conventions ou arrangements diplomatiques.

*Au nord :* la République du Cameroun et la Centrafrique.

*A l'est :* le fleuve Congo, son affluent l'Oubangui et la République Démocratique du Congo.

*Au sud :* la République Démocratique du Congo et la province angolaise du Cabinda.

*A l'ouest :* l'océan Atlantique (170 km de côte) et la République du Gabon.

## Population

Elle s'élevait à 1.912.429 habitants au recensement du 22 décembre 1984 au 19 janvier 1985. Aujourd'hui, la population congolaise est estimée à 4.000.000 habitants. La densité moyenne est de 5,6 habitants/km/2.

## Historique

Longtemps soumis à la politique coloniale de la France, le Moyen - Congo a obtenu l'indépendance le 15 août 1960 pour devenir République. Depuis son indépendance, l'Histoire du Congo a été marquée par cinq phases importantes. Première phase : 1960-1963, multipartisme ; deuxième phase : 1963-1991, régime à parti unique aux aspirations socialistes (le Parti Congolais du Travail). Troisième phase : 1991-1995, tenue d'une conférence nationale et multipartisme. Quatrième phase : 1995–2000, succession de conflits interethniques (plusieurs personnes disparues et mortes). Cinquième phase : 2000 – 2009, reconstruction nationale et multipartisme chancelants.

## PRÉSENTATION DE LA VILLE DE BRAZZAVILLE

Brazzaville s'est développée, outre l'ancien quartier européen des affaires, au bord du fleuve Congo, à partir de deux noyaux des cités africaines à peu près contemporains l'un et l'autre. Bacongo à l'ouest, Poto-Poto à l'est, apparaissent vers 1909, selon une déclaration de l'administration coloniale relative à la création officielle des quartiers indigènes : le premier, de peuplement Lari (populations originaires de la région du Pool)[11]. Le second, plus cosmopolite, regroupe surtout les populations Nord du Congo et les ressortissants d'autres pays d'Afrique (c'est cette réalité sociologique qui a engendré chez Georges BALANDIER, en 1955, le concept des « Brazzavilles noires »). Une dualité subsiste encore

[11] Pool : l'une des dix régions du Congo, peuplée des LARI, et située au sud-ouest, proche de Brazzaville.

aujourd'hui entre l'ensemble dense et cohérent qui s'étend au nord de Poto - Poto et la mosaïque plus aérée des quartiers Ouest.

Ces quartiers sont séparés du centre-ville et de la zone industrielle du port par les secteurs de faible densité d'occupation (moins de 50 habitants au kilomètre carré) des quartiers administratifs résidentiels de haut niveau et les espaces verts aménagés qui les agrémentent.

La route de Djoué, un des principaux axes de communication à l'échelle de l'agglomération, et principale avenue de Brazzaville qui les raccorde au centre, isole plus qu'elle ne relie entre eux les quartiers anciens et de trame régulière qui bordent le fleuve (Makélékélé, Bacongo et Mpissa), de l'ensemble plus éclaté qui s'étend vers le Nord. De Moukoundzi-Ngouaka aux extensions du Nord de Mfilou, le relief accidenté par les petites vallées des affluents du Djoué favorise l'individualisation de nombreux sous-quartiers portant chacun un nom différent, plus juxtaposés de part et d'autre des rubans de végétation et de maraîchage qui bordent les rivières.

L'aspect apparemment peu organisé de cette partie de la ville est accentué par la faiblesse de la densité d'occupation. A propos de la densité, VENNETIER relève qu'elle *« ne dépasse 160 hab./ha qu'au cœur de Bacongo au sud de la route du Djoué, elle est rarement supérieure à 130 hab./ha et passe à moins de 60 hab./ha aux marges des quartiers les plus récents »*[12].

Sur un cliché aérien, les quartiers de la capitale se détachent en revanche comme un ensemble beaucoup plus homogène et compact. Fortement structurés par le maillage régulier des rues Est-Ouest et des avenues méridiennes qui se succèdent avec monotonie de Poto-Poto aux parties les plus récentes de Mikalou. Ces quartiers, agglomérés les uns aux autres, sont traversés par de grands axes goudronnés de circulation intense qui assurent une grande facilité de liaison avec le centre-ville.

---

[12] VENNETIER (Pierre) : L'urbanisation et ses conséquences au Congo. CRETH, UPA, Paris (réédition 1989).

Achevés dès la première moitié du 20 ème siècle, Poto-Poto et le sud de Moungali doivent à leur proximité du centre et à leur ancienneté, une excellente intégration à l'ensemble de la ville.

Cas unique dans les quartiers populaires, ils sont quadrillés par plusieurs voies goudronnées. Au bord des deux avenues méridiennes encadrant (avenue de la Paix et de la Tsiémé), un « continium » d'activités et de commerces variés se prolonge depuis le centre-ville. Outre les ateliers et les petites boutiques, se trouvent ici des services qui desservent tout l'Est de la ville, comme au carrefour le plus proche du marché de Ouenzé. A l'agence postale et la station d'essence qui existaient déjà, sont venues s'ajouter tout récemment une succursale bancaire et une caisse d'épargne.

A l'intérieur même des quartiers, ces activités se propagent le long des quelques rues asphaltées, s'organisant principalement autour de trois pôles bien marqués : trois des quatre principaux marchés de la ville se trouvent dans cette partie restreinte de la cité. Celui de Moungali, principal point de vente de tissus et de vêtements et celui de Poto-Poto, riche en bazars et quincailleries, recrutent leurs clientèles dans toute la ville. Et celui d'Ouenzé, grand marché vivrier, est de loin le principal lieu de ravitaillement des populations du Nord qui peuplent l'ensemble de l'arrondissement.

Le long des trois avenues goudronnées qui desservent ces marchés et des ruelles adjacentes, s'égrènent toutes les formes de commerce : le bar tonitruant alterne avec la boutique de prêt-à-porter (« grille ») ou de chaussures (« italiennes »), le restaurant « spécialités bouillon matinal » voisine avec l'inévitable atelier de vulcanisation ou de menuiserie, sans oublier les épiceries tenues par les Mauritaniens.

*« Les deux principaux points de convergence, souligne un récent rapport de la Direction Générale de l'Administration Routière, à travers lesquels s'effectuent pratiquement tous les*

*déplacements, demeurent : le centre-ville et le centre hospitalier et universitaire de Brazzaville [13] ».*

La centralité des services et de certaines activités pose aux Brazzavillois le grave problème de l'accessibilité et du transport. Pour toucher un chèque, retirer une attestation quelconque, l'habitant des quartiers périphériques théoriquement pauvres est obligé de se rendre au centre-ville pour y faire ses courses.

## LA CROISSANCE DÉMOGRAPHIQUE DE BRAZZAVILLE ET SES CONSÉQUENCES

Au début du 20 ème siècle, Brazzaville ne comptait que cinq mille Indigènes et cent cinquante Européens pour la plupart des concessionnaires. Devenue dès 1904, capitale du Congo français, elle allait supplanter Franceville, aujourd'hui seconde métropole du Gabon.

Quatre années plus tard, en 1908, le Congo Français devenait le siège du gouvernement général pour le Moyen – Congo, le Gabon, l'Oubangui – Chari (aujourd'hui la Centrafrique) et le Tchad. Brazzaville devenait à son tour la capitale d'un ensemble de territoires qui allait devenir l'Afrique Equatoriale Française (A.E.F.), siège des gouvernements généraux et à la fin celui des hauts commissaires.

A partir de 1907, Brazzaville centralise les services administratifs publics et privés de l'Afrique Equatoriale Française. Cette fonction administrative de Brazzaville va jouer un rôle important dans l'évolution des transports en commun dans la ville.

Brazzaville va amorcer sa croissance. Cette croissance très lente est caractérisée par un apport extérieur permanent résultant d'une immigration lointaine d'esclaves fugitifs, des traitants de la route des caravanes qui échappaient au portage, des Congolais originai-

[13] Direction Générale de l'Administration Routière : rapport annuel 1992. Ministère de l'intérieur et de la décentralisation – Brazzaville 2006.

res du Nord appartenant aux ethnies des deux rives du Congo : Yakoma, Mongo, Mbaka, Mbodjo.

Au cours de la même période, Brazzaville est essentiellement un centre d'affaires important. On note la présence de neuf compagnies, douze magasins. La population passe de 350 habitants en 1889, à 5000 en 1907.

La ville coloniale établie entre les ravins de la Mission,du Tchad et de la Glacière s'étend ensuite vers le Nord – Est (actuellement zone portuaire).

En 1910 naissent simultanément les quartiers Poto – Poto au Nord et Bacongo au Sud – Ouest de la ville.

A partir de 1911, l'organisation politique de l'A.E.F. donne à Brazzaville une dimension nouvelle. Elle devient la capitale fédérale des colonies françaises de l'Afrique centrale.

Les services administratifs se développent considérablement et le mouvement migratoire vers la ville s'accélère, surtout pendant la première guerre mondiale. En 1918, la population de la ville atteint le nombre de 10.000 habitants.

La période de 1930 à 1945 est caractérisée par une domination administrative directe et un durcissement des conditions de travail ; c'est l'époque des travaux forcés.

La pénétration européenne et le commerce de traite – avec l'introduction de l'économie monétaire – ont amorcé le processus de libération de la force de travail. Dans les familles, les aînés vont perdre petit à petit leur pouvoir sur les cadets. Le salariat va permettre donc aux cadets sociaux de s'affranchir du groupe social d'appartenance.

L'un des grands chantiers de l'époque fut la construction du chemin de fer qui relie Brazzaville à Pointe – Noire (située sur la côte Atlantique). Ces travaux ont duré dix ans : de 1924 à 1934. Ils furent réalisés grâce à la contribution, forcée, des citoyens de l'A.E.F.

De 1934 à 1940, la population passe de 20 000 à 30 000 habitants. La seconde guerre mondiale est une époque exceptionnelle, car de nombreux jeunes hommes vont quitter la campagne pour s'établir en ville. Mais cette augmentation de la population est variable selon les années en raison des contrôles d'identité sévères de l'administration coloniale. En 1945, la population de Brazzaville atteint le seuil de 43.000 habitants.

A la fin de la guerre, le Congo s'était vidé d'une grande partie de sa force de travail, partie en France pour défendre la mère patrie. Durant les années de guerre, les colonies s'étaient appauvries, les infrastructures sociales et économiques deviennent vite vétustes et insuffisantes.

Ainsi en 1946, pour reconstruire la France, un plan fut adopté. Ce plan appelé « Plan Monnet » posait également les principes du développement économique et social des territoires d'Outre – Mer et des colonies françaises. C'est finalement en 1948 que fut mis en place le premier plan quinquennal (1948 – 1951).

1948 marque une nouvelle étape du développement de la ville grâce à un effort massif d'investissements issus d'emprunts, dont les charges d'amortissement vont se révéler par la suite trop lourdes pour la colonie en comparaison avec leur résultat insignifiant.

La grande partie des investissements du plan quadriennal 1948 – 1951 pour le Moyen-Congo sont orientés notamment pour la relance des travaux d'infrastructure de l'économie de transit et bénéficient à Brazzaville pour sa situation sur le circuit assurant la traite au terminus des routes fluviales desservant le nord du pays et l'Oubangui (aménagement et construction du port et de l'aérodrome).

Une autre partie de ces investissements va vers certaines unités de production capitaliste d'import de substitution et des produits manufacturés d'exportation (boisson, textile, tabac) dont la mise en place s'amorce dans la ville, provoquant ainsi une croissance démographique rapide et continue dépassant toujours par ses effectifs de main-d'œuvre potentielle les possibilités d'emploi offertes. La population passe de 70.000 habitants en 1948 à environ 75.000 en 1950.

A partir de 1951, le mouvement d'extension de la ville de Brazzaville se poursuit malgré un ralentissement des investissements.

Le Nord de Poto – Poto s'agrandit avec l'apparition du quartier Ouénzé, jusque-là inhabité. Bacongo atteint en 1955 son seuil de saturation, la population totale est alors de 95.000 habitants.

Ce chiffre atteindra 126.000 en 1960 avec une immigration massive venue du Congo-Kinshasa (anciennement appelé Zaïre), à la suite des conflits sociaux intervenus pendant l'indépendance.

### LES ANNÉES SOIXANTE ET L'APPARITION DES QUARTIERS PÉRIPHÉRIQUES

Brazzaville qui s'est développée à un rythme relativement modéré, à l'origine, connaît une croissance géographique très importante après 1960. L'exode rural des années 60 est directement lié à une croissance économique que connaît le Congo.

En effet, si le passage de l'économie coloniale à l'économie de marché s'est opéré sans changement fondamental dans les structures économiques, le modèle de croissance de cette économie introduit toutefois certaines modifications, aussi bien dans la sphère de la production que de son contenu social.

A la situation de dépendance de type rapport métropole – colonie directement tournée vers l'extérieur d'avant 1960, succède une autre dépendance de type rapport Centre – Périphérie, avec une économie urbaine tournée également vers l'extérieur mais avec des variantes.

Après 1945, les activités urbaines n'ont cessé de se développer. La ville est arrivée à dépasser le caractère monofonctionnel d'escale de traite, qui lui était assigné. On y trouve de nombreux services urbains facilitant les conditions générales pour la production capitaliste.

Elle forme désormais une sorte d'infrastructure technique et sociale pour les installations industrielles. Et elle se présente comme base potentielle pour l'investissement.

En 1860, les effectifs de la fonction publique étaient estimés à 3000 personnes. Puis ils sont passés à 13000 personnes en 1972, et atteint 30.000 personnes en 1990. En même temps, la population urbaine est passée de 4 % de la population totale, en 1958, à 65 % aujourd'hui.

Le développement spectaculaire et inattendu de Brazzaville date de cette époque. De 1960 à 1970, l'extension de la ville franchit la coupure de la rivière Djoué.

La ville, qui s'étendait sur un rayon de 3 kilomètres en 1961, atteint 12 kilomètres en 1970, d'Est en Ouest. Et la surface construite est passée de 2.300 à 3.600 hectares entre 1960 et 1970, soit un accroissement de superficie de 50 % en 10 ans.

Après 1970, le processus d'urbanisation s'est poursuivi à un rythme accéléré. Les premiers quartiers périphériques apparaissent à ce moment-là.

Ainsi se sont édifiés le quartier Talangaï, sur la rive gauche de la rivière Tsiémé, et les quartiers Kinsoundi et Massina sur la rive droite de la rivière Mfilou.

### L'ALLONGEMENT DES DISTANCES DE DÉPLACEMENT

Les conséquences de l'accroissement démographique sur la mobilité de la population ont amplifié une des caractéristiques particulières des déplacements urbains, l'allongement des distances de déplacement.

Ce phénomène qui est une des manifestations, peut-être la plus significative socialement, de la crise des transports est bien saisi par le temps perdu dans les transports.

Environ 150.000 personnes utilisent chaque matin les transports en commun, en particulier pour les lieux de travail, les activités informelles, les marchés, les visites et les écoles.

Ces déplacements ont des destinations assez concentrées dans le périphérique urbain. Plus de la moitié vers les administrations, les emplois industriels et commerciaux et les établissements scolaires du centre, une part importante vers les trois principaux marchés de l'agglomération : Bacongo, Moungali, Ouenzé ; mais également les hôpitaux, le beach FIMA (port fluvial de Brazzaville).

Quelques secteurs de la périphérie cependant, devenus zones de résidence des catégories sociales modestes, et plus particulièrement l'Ouest et le Sud – Ouest et dans une moindre mesure les lotissements de la nationale 2, expédient chaque jour dans la capitale un contingent de population évaluée à environ 30.000 en 1977. Le temps perdu en moyenne par déplacement à l'intérieur du périmètre urbain est de 45 minutes.

Les trajets à destination de la périphérie et ceux de périphérie à périphérie sont les plus longs. L'utilisation de plusieurs moyens de transport allonge encore considérablement le temps de transport.

La durée moyenne d'attente aux arrêts est très inégale suivant les zones géographiques. Trois points clés se révèlent très critiques du point de vue temps d'attente avec des files caractéristiques des usagers.

### PERTE DE TEMPS

Pourquoi ces pertes de temps ? Il y a des pistes pour comprendre cela. D'abord les difficultés du trafic et l'engorgement dûs à la concentration des activités tertiaires au centre. Ensuite l'encombrement des axes de circulation de véhicules de toutes sortes et de toutes tailles, l'indiscipline de la foule trépidante aux heures de pointe, et la concurrence entre chauffeurs de foula – foula et taxi cent - cent.

La conception des lignes de transport en commun rend compte également de ces difficultés. Ainsi sur les dix lignes du réseau des transports en commun par autobus, toutes, à l'exception de trois lignes périphériques, passent par le centre – ville, alors qu'un voyageur sur deux n'en aurait pas besoin.

En effet, à la périphérie, l'autobus disparaît. La desserte n'est assurée que par les minibus foula – foula qui représentent la desserte la plus rapide vers le centre-ville de Brazzaville. Mais leur faible fréquence aux heures de pointe est un facteur défavorable qui allonge démesurément le temps de trajet.

Pour ces déplacements de personnes en provenance de la périphérie, la qualité de la desserte est inégale suivant les secteurs géographiques. Seuls quelques minibus privés assurent la desserte de la périphérie, notamment l'Ouest et le Sud – Ouest (ligne gare routière – Mfilou par Château d'Eau et usine textile de Kinsoundi et liaisons gare routière – Djoué).

L'urbanisation périphérique actuelle est trop diffuse pour permettre une bonne desserte de transport en commun, d'où la nécessité d'un réseau de transport non seulement radial, mais contournant ; malheureusement, l'absence de rocades périphériques rend impossible la desserte de ces zones d'habitat spontanées sans passer par le centre.

Dans leur ensemble, la desserte par les transports en commun à la périphérie laisse beaucoup à désirer et rend nécessaire le recours à un moyen de transport individuel, qu'il s'agisse d'aller à son travail, de faire des achats ou encore de rendre visite à la famille. Le moyen de transport le plus couramment employé est alors les deux roues, bien que leur nombre soit très faible dans l'agglomération, ou la marche à pied.

### UN RÉSEAU DE TRANSPORT INSUFFISANT

Depuis 1960, la croissance ininterrompue de la ville s'est poursuivie, engendrant de nouveaux besoins de transport en commun. A l'intérieur du périmètre urbain, en plus des déplacements de la population résidente, s'ajoutent les besoins de quelque 30.000 migrants qui affluent chaque jour à la périphérie.

La dissociation des zones de travail et des zones de résidence qui s'opère pour les catégories modestes sous l'emprise de la crise de logement multiplie à la périphérie des besoins de relation avec le reste de la ville. Or le réseau de transport en commun actuel de Brazzaville est insuffisamment maillé et s'organise autour de grands axes de communication à l'intérieur du périmètre urbain.

Rares sont donc les liaisons périphériques qui peuvent s'effectuer en transport en commun, surtout dans les zones d'extension nouvelles ; si bien que les usagers de la périphérie sont dans leur majorité contraints d'utiliser un moyen de transport individuel pour effectuer leurs déplacements. S'ils ne disposent pas de moyens de transport individuel, ce qui est le cas le plus fréquent, les plus éloignés sont obligés de faire de longs trajets à pied jusqu'à la station d'une ligne d'autobus, où souvent les autres transports collectifs, essentiellement les taxis collectifs cent-cent, viennent faire leur plein de voyageurs.

La desserte à l'intérieur du périmètre urbain est principalement assurée par les foula – foula et les taxis collectifs. Les deux principales gares routières, Tsiémé « Texaco » à Ouenzé et « Total » à Bacongo, situées au Nord – Est et au Sud – Ouest de la ville, accueillent quotidiennement 90 à 100.000 voyageurs.

Le trafic le plus important est de loin celui de la gare routière de Bacongo, qui en plus de la population urbaine desservie connaît des flux de voyageurs en provenance de la région du Pool par liaisons irrégulières assurées par les « taxis brousse ».

Le réseau de transport en commun est rigoureusement linéaire et s'organise sur une longueur importante autour des grands axes qui convergent tous vers le centre. La périphérie ne dispose pas d'infrastructures pour sa desserte, l'exception de quelques voies de circulation en terre et fort dégradées, difficilement utilisables, car souvent inondées en période de pluies.

Les liaisons vers la périphérie sont donc très difficilement réalisables par les transports en commun.

Le réseau actuel bitumé est d'ailleurs identique à celui qui existait pendant la colonisation. Très ancien pour près de 80 %, il représente le 1/6 ème des routes, soit près de 100 kilomètres sur les six cents que compte la ville.

Correct sur certains axes, son état est défectueux sur d'autres car mal entretenu, dégradé, saturé par une circulation intense, des encombrements fréquents, une organisation du trafic inadéquate et une discipline de circulation laissant à désirer.

Il forme essentiellement, hormis dans le centre, un tissu de mailles quasi rectangulaires, peu pratique aux liaisons par transport en commun et s'avère fortement déficient pour une part importante de la population qui utilise les transports en commun.

Le reste du réseau, près de cinq cents kilomètres de voies en terre non revêtues, n'est pas adapté à la circulation automobile. Le sable s'y accumule en épais dépôt où les roues s'enlisent ou se transforme en véritables cuvettes où l'eau stagne plusieurs jours après une averse.

Les dix lignes de réseau des transports collectifs en service à Brazzaville n'utilisent pas complètement ce réseau bitumé. De nombreux points de la ville sont encore hors du réseau actuel. Et de nombreux usagers sont ainsi contraints à parcourir de longues distances à pied ou à combiner plusieurs moyens de transport.

Ce réseau présente un déséquilibre notable entre l'Est de la ville relativement bien maillé avec des lignes à grosse contenance au départ de Koulounda, à Ouenzé, le rond-point de Moungali, la carrefour Mbochi, la gare ferroviaire et la Poste centrale.

Le nombre de voyageurs transportés sur cet axe Est – Ouest peut être estimé à 75.000 voyageurs par jour dans la partie Est et un peu plus de 65.000 voyageurs dans la partie Ouest, en y ajoutant les migrants de la périphérie.

Il est difficile aujourd'hui de gagner un quartier périphérique du Sud, lorsqu'on est dans un autre quartier périphérique du Nord, sans passer par le centre de la ville pour une correspondance jusqu'à destination.

L'ensemble du réseau de transports en commun assurait en 1977 environ 145.000 déplacements par jour. Trois pôles fondamentaux apparaissent dans l'organisation de ce réseau :

- Le premier est constitué par le rond-point Koulounda dans le quartier Ouenzé,
- Le second représente le centre –ville,
- Enfin le dernier, la gare routière « Total » de Bacongo.

Ces trois pôles qui sont les lieux de concentration importante d'emplois pour le centre, et des marchés pour les deux autres, semblent déterminer presque totalement la structure du réseau de transports en commun puisque seules trois lignes sur dix que compte le réseau de foula – foula ne passent par aucun de ces trois points.

En 1974, la commune de Brazzaville s'étendait sur 55,2 $km^2$ et avait une densité de 5.479,3 habitants/km/2[14]. L'habitat spontané observé dans cette ville depuis quelques années prouve à suffisance que la commune connaît une poussée démographique importante, d'où son extension avec la création d'une autre mairie (Mfilou, ex-Gamaba) et un découpage cadastral délimitant la mairie de

[14] Recensement général de la population et de l'habitat de 1985 Analyses des résultats – (Centre National des Statistiques et des Etudes Economiques) – Brazzaville 1990.

Makélékélé jusqu'à Nganga-Lingolo. Ainsi, la superficie de la commune serait passée de 55,2 à 60,8 km/2 avec une densité moyenne de 9 .787,9 habitants/km/2.

Aujourd'hui, Brazzaville est divisée en sept arrondissements ou mairies auxquels il faut ajouter le centre-ville. Il s'agit de Makélékélé, Bacongo, Poto-Poto, Moungali, Ouenzé, Talangaï et Mfilou.

**Tableau 1** : *Répartition de la population par arrondissement de 1974 à l'an 2009.*

| Arrondissements | 1974 | 1985 | 1990 | 2000 | 2009 |
|---|---|---|---|---|---|
| Makélékélé | 43.739 | 114.855 | 178.346 | 430.031 | 674.850 |
| Bacongo | 38.447 | 56.528 | 67.422 | 96.086 | 120.246 |
| Poto-Poto | 45.729 | 56.473 | 62.045 | 74.885 | 86.724 |
| Moungali | 54.324 | 78.642 | 92.952 | 129.857 | 162.908 |
| Ouenzé | 70.474 | 108.913 | 132.509 | 196.145 | 242.429 |
| Talangaï | 33.885 | 105.792 | 177.464 | 499.374 | 822.063 |
| Centre-ville | 10.586 | 10.910 | 11.075 | 11.412 | 11.684 |
| Mfilou | 17.911 | 62.989 | 111.651 | 349.952 | 593.734 |
| Brazzaville | 315.094 | 595.102 | 833.374 | 1.787.742 | 2.714.618 |

L'examen des perspectives de la population pour chaque arrondissement et pour l'ensemble de la commune permet de relever quelques points importants.

On observe une augmentation considérable de la population jusqu'à l'an 2009.

Cette croissance démographique de Brazzaville va entraîner une densification de l'espace habité. *« Pour les arrondissements qui subissent une poussée démographique importante (Makélékélé, Mfilou, Talangaï), souligne Elisabeth DORIER, les infrastructures urbaines (voirie, adduction d'eau, installation électrique, évacuation des eaux usées) s'avèrent insuffisantes, et les infrastructures socio-économiques (dispensaires, écoles, transports) sont inexistantes »*[15].

[15] DORIER (Elisabeth) : Une traversée des quartiers de Brazzaville – ORSTOM / CRETH – Brazzaville 1991.

Cette situation incite les populations de ces nouveaux arrondissements à utiliser les infrastructures de leur quartier d'origine. On s'acheminera ainsi vers la création d'un bidonville ceinturant la ville, allant de Mfilou à Talangaï et contournant l'aéroport.

Pour ce qui est des anciens arrondissements du centre (Bacongo, Poto-Poto), les mêmes problèmes découlant de la densification de l'habitat se poseront, mais à plus long terme, du fait d'une poussée démographique plus lente.

De manière générale, Brazzaville présente actuellement des problèmes de surpopulation avec une forte demande d'emplois qui n'est pas toujours satisfaite, une forte dépendance alimentaire vis-à-vis de l'intérieur du pays et surtout de l'étranger. Elisabeth DORIER pense qu'on pourrait pallier cette augmentation rapide de la population en freinant l'exode rural. L'idée est à examiner. Car même si l'on peut espérer un ralentissement du flux migratoire vers Brazzaville d'ici 2010, hypothèse qui se situe entre les deux variantes extrêmes, les structures urbaines précédemment évoquées (éducation, emploi, santé, aménagement) continueront à subir une forte pression démographique avec près d'un million d'habitants (en 1994) qu'il faudrait prendre en compte dès à présent.

L'augmentation rapide de la population soulève, bien évidemment, la question de l'aménagement du site. Comment canaliser les eaux pluviales ? Comment parvenir à équiper en eau les habitants ? Mais aussi, quels sont les moyens dont disposent ses habitants pour se déplacer alors que Brazzaville s'étend toujours plus et que le système de transport collectif s'avère déficient ?

La ville a été conçue sur le modèle colonial de la séparation des « cités indigènes » (« Les Brazzavilles noires », pour reprendre l'expression de Georges BALANDIER) et de « la ville européenne » (le centre-ville), ségrégation que l'on continue d'observer dans la répartition spatiale des commerces dans la ville. Si la séparation est toujours une réalité, ces « villes » se réorganisent aujourd'hui à partir d'une politique de planification de l'habitat, en particulier, pour la « ville européenne », mais surtout en fonction des modalités hétérogènes d'occupation du sol.

En fait, aujourd'hui, ce sont les individus qui, avec des moyens limités, construisent eux-mêmes leur ville puisque c'est l'initiative personnelle, avec ses aléas, qui préside à la construction et constitue la principale forme d'accès au logement.

L'environnement, les équipements, l'habitat, mais aussi les revenus des citadins et les conditions d'assainissement, dessinent au sein de la ville des quartiers et des espaces différents.

A l'extension de la ville correspond inévitablement un accroissement de la demande de biens et de vivres. Or, la production nationale, tant par son volume que par sa production artisanale, ne parvient pas à satisfaire les besoins de la population brazzavilloise. Brazzaville est ainsi largement dépendante de l'étranger pour son approvisionnement, qu'il s'agisse des productions industrielles ou des productions vivrières.

A considérer les productions industrielles nationales, comme le ciment et les hydrocarbures, dont Brazzaville a un besoin croissant, on observe qu'en raison des problèmes de transport, de la gestion inadéquate des stocks, du fonctionnement aléatoire des usines, le marché Brazzavillois frise constamment la rupture de stock. Le marché intérieur reste très largement inorganisé ; le lieu et la période de production déterminent une fluctuation importante des prix. La situation de la production nationale est d'autant plus préoccupante que les produits nationaux sont largement concurrencés par les produits importés à meilleur marché.

A propos de cette ville où les conditions d'habitat et d'approvisionnement sont difficiles, Roland DEVAUGES n'hésitait pas à employer l'expression « conditions de survie » pour caractériser le cadre de vie des Brazzavillois.

Pour les villes du tiers-monde, lorsqu'on évoque le terme d'urbanisation, cela renvoie automatiquement à la question de la croissance démographique. Au Congo, d'une manière générale, les raisons essentielles de la migration vers les villes sont la scolarisation et la recherche d'un emploi. En fait, sur un marché de l'emploi déjà saturé, s'agit-il pour les migrants de trouver véritablement un emploi, ou bien surtout de résider en ville et de s'y « débrouiller » ?

Face à cet ensemble de difficultés, quelles sont les préoccupations et les attentes des Brazzavillois ? Quel est leur mode de vie ?

### SCOLARISATION ET MIGRATION URBAINE

Un tiers des Congolais habitent à Brazzaville, le second tiers à Pointe-Noire (capitale économique du Congo) ou dans un centre urbain secondaire. Le dernier tiers, dans les villes ou les villages de moins de 5.000 habitants. On pense généralement que l'école a été au cours des vingt dernières années l'un des principaux moteurs du processus d'émigration vers les villes qui fait du Congo d'aujourd'hui l'un des pays d'Afrique francophone les plus urbanisés.

Les élèves de Brazzaville représentent respectivement 25% et 27% de l'ensemble des élèves de l'enseignement primaire au Congo, 28 et 37% des élèves du secondaire (collège), 59 et 71% des élèves du secondaire (lycée). En 2008, la totalité de l'enseignement supérieur s'effectuait à Brazzaville ou à l'étranger. On ne peut pas conclure que le doublement de la contribution en pourcentage entre primaire et secondaire soit dû aux migrations scolaires, mais un écart net se creuse avec l'ensemble du pays.

Brazzaville attire les nombreux écoliers et étudiants du Congo, la capitale étant l'aboutissement « normal » du cursus scolaire ou universitaire. Compte tenu du faible pourcentage de réussite, le coût social de la scolarisation est extrêmement élevé, et l'on peut se demander dans quelle mesure elle aboutit effectivement à une insertion dans la population active.

### UNE HISTOIRE DES TRANSPORTS ANCIENNE

L'année 1899 marque une étape importante dans l'évolution des transports à Brazzaville. Mais c'est en mai 1900 que fut créé à

Brazzaville le premier service de ravitaillement et de transport, chargé au départ de la réception des caravanes de porteurs à l'arrivée de la côte atlantique et de leur mise en route au départ de Brazzaville. Les conditions de travail très rudes des porteurs vont vite mettre fin à ce mode de transport interrégional.

A partir de 1930, le réseau de portage connaît une évolution différente avec le développement administratif et l'importance de la population européenne. A Brazzaville, l'éloignement géographique entre les magasins et les services administratifs, situés dans des quartiers différents, rendait les déplacements de la population européenne très longs à dos d'homme. Avec la raideur des pentes, on notait une véritable perte de temps.

A partir des années 30, le portage administratif est progressivement supprimé au profit d'une politique de transport par pousse – pousse au niveau de la ville et qui allait à terme remplacer le portage à dos d'homme.

Les porteurs de la route des caravanes qui ont commencé à se fixer, échappant aux servitudes du portage, vont constituer le premier noyau de main-d'œuvre employée au transport des Européens établis dans la ville.

### LE TEMPS DU POUSSE-POUSSE OU BROUETTE CHINOISE

L'apparition du pousse-pousse ou brouette chinoise (nom donné à cause de son origine chinoise ou asiatique) remonte autour des années 1906. Ce moyen de déplacement fut introduit par un certain Monsieur Garou, alors ingénieur des travaux publics chargé des ponts et chaussées. Ce dernier démissionna de son poste pour exploiter à son profit des pousse - pousse importés de l'étranger et utilisa une main-d'œuvre locale, bon marché, venue fraîchement de la campagne.

Le succès de l'affaire fut tel qu'un certain monsieur Golliard, petit forgeron à côté de l'actuel hôtel de ville de Brazzaville, trouva là l'occasion des profits considérables. Il eut donc l'idée de monter sur place des pousse – pousse à partir des éléments importés de l'étranger, c'est alors que les Brazzavillois commencèrent à acquérir des pousse – pousse pour le déplacement des personnes.

Cette vulgarisation va favoriser un accroissement des pousse – pousse si bien que leur nombre va passer de 120 en 1934 à 200 en 1939.

La course simple dans ces brouettes coûtait 5 francs C.F.A pour les véhicules mieux entretenus et bien décorés. Ces véhicules de première catégorie étaient réservés à une clientèle aisée. Dans les véhicules sobrement décorés, la course revenait à 3 francs C.F.A.

Les pousseurs payaient une redevance, sous forme de taxe. Le montant de cette redevance s'élevait à 6000 francs C.F.A en 1936.

Le point de départ de ces véhicules, quelle que soit la destination, était le port fluvial de Brazzaville communément appelé le « Beach ». Il n'y avait qu'une seule ligne pour ce moyen de déplacement : Beach – plateau administratif, via la plaine (actuel quartier commercial ; le centre-ville). C'était le seul itinéraire rentable et surtout le seul qui était bien entretenu.

Le pousse – pousse était un véhicule à deux roues très léger. Il disposait d'une banquette et ne pouvait prendre qu'un seul passager par course et il était tiré par un homme. A en croire Monseigneur Augouard (premier Archevêque de Brazzaville), le pousse – pousse serait un véhicule très commode. C'est le seul moyen de déplacement collectif qui existait à Brazzaville. Sa vitesse était modeste et il était généralement réservé aux Blancs. Mais son utilisation s'est vite généralisée par la suite aux « évolués », fonctionnaires subalternes et employés de commerce qui occupaient une position sociale intermédiaire entre le colon blanc et les couches populaires.

Il est difficile de fixer la date de la disparition des pousse – pousse, mais le milieu des années 1944 voit progressivement la diminution de ces moyens de déplacement au profit d'un type nouveau : l'automobile.

### L'ARRIVÉE DE L'AUTOMOBILE

1944 marque l'année de l'apparition de l'automobile comme moyen de déplacement des voyageurs à Brazzaville intra-muros.

Il existait déjà dès 1932 des liaisons par automobile entre Brazzaville et certains villages environnants. Je pourrais citer l'exemple d'un certain Mamadou Diop (en 1932), d'origine sénégalaise, qui disposait d'une automobile de marque Soto et qui ravitaillait les marchés de Brazzaville en produits vivriers venus des villages : Nkoyi, Mabaya, Boukonzo...

D'autres transporteurs à l'image de monsieur Diop se lancèrent également dans ce trafic, c'est le cas notamment de messieurs Zoao (qui possédait deux vehicules : une Soto et une Chevrolet), Samba Germain, Siassia Philippe...Ces véhicules assuraient aussi bien le transport des marchandises que de personnes dans les deux sens : Brazzaville – villages ; villages – Brazzaville.

Jusqu'en 1944 à peu près, les pousse – pousse seront les seuls moyens de transport en commun à Brazzaville.

Le rôle des Africains de l'Ouest, Sénégalais notamment, favorisés par l'administration coloniale sera déterminant dans l'évolution des transports dans la ville. Ces derniers obtiendront l'autorisation d'exploiter des itinéraires fixes avec leur taxi – bus au prix de 10 francs C.F.A par personne. Et ces nouveaux moyens de transport vont se multiplier en 1946. On verra ainsi apparaître des taxis dénommés : taxi Diam, taxi Daouda, taxi Diarra.

## LES VOITURES DE PLACE OU VOITURES DE REMISE

Au début de l'année 1947, un nouveau moyen de transport en commun est mis à la disposition de la population blanche de Brazzaville. Monsieur Masse, un Européen, crée un service de voitures de louage avec chauffeur dite voiture de place ou voiture de remise en attente de la clientèle, exploitée sur un parcours ne dépassant pas les limites de la « ville blanche » : Beach, Mpila, Maison du Docteur, Rond-point de Poto – Poto, Carrefour des Clairons, Milice.

Ce mode de transport rapide connaît un vif succès, et un an plus tard, Monsieur Delaroma, un Français d'origine italienne crée un second service de louage, baptisé « taxi frégate ».

En 1951, Brazzaville compte déjà 100 voitures de remise. Mais toutes les catégories de la population ne profitent pas de ces avantages, malgré des progrès indéniables dans la qualité et l'amélioration des services de transport. L'organisation du réseau ne subissant aucune modification significative, seule la « ville européenne ou simplement la ville blanche » restera convenablement desservie.

Je pourrais noter, par rapport à ce qui précède, que le profit était l'un des facteurs discriminatoires dans cette ville. Comment en serait-il autrement avec des tarifs atteignant jusqu'à 20 francs C.F.A, le prix de déplacement d'une personne sur les trajets d'un kilomètre ?

La voiture de place reste un moyen de transport inaccessible pour les catégories les plus modestes. Les conditions de vie et les salaires ne permettent pas une utilisation massive de ce moyen de transport par les classes populaires.

Si ces taxis ne répondent pas aux besoins des plus démunis, ils sont par ailleurs parfaitement à la hauteur des attentes des classes favorisées, c'est le cas des administrateurs et des fonctionnaires coloniaux.

Pour rentabiliser leur activité, Messieurs Masse et Delaroma adaptent leur organisation en fonction de la demande.

La ville blanche bénéficie d'un traitement de faveur car la quasi-totalité des véhicules de transport en commun desservent le centre-ville, au détriment des quartiers populaires africains.

Au début de l'exploitation, le matériel utilisé de marque Chevrolet et Renault compte 20 voitures de place, deux ans plus tard ce chiffre est porté à 40 auquel il faut ajouter 100 voitures de remise.

Les deux transporteurs possèdent rapidement un quasi monopole. Les tarifs en vigueur fixés par le chef du territoire sur les bases fournies par les transporteurs eux – mêmes ne sont intervenus qu'en octobre 1949.

Or, depuis la fin de l'année 1948, les diverses taxes supportées par les exploitants ont, d'après les statistiques officielles, connu une augmentation allant de 50 à 100 %.

Ce retard dans le réajustement des tarifs mit beaucoup d'entrepreneurs de transport en difficulté.

En 1950, après une large concertation, les exploitants fixent eux – mêmes les prix de déplacement des usagers et n'hésitent pas de les majorer de façon excessive.

Le chef du territoire discuta alors avec l'ensemble de la corporation et l'issue de cette concertation aboutit à une mesure précise notamment : mise en place d'un projet de tarif kilométrique contrôlé par un compteur pour les voitures avec taximètres.

Cette mesure phare précise que le tarif au kilomètre pour les voitures munies d'un taximètre est fixé à 30 francs C.F.A, et à 100 francs C.F.A pour les voitures sans taximètre.

Pour les voitures de remise, la location à la journée sera fixée à 2000 francs C.F.A pour huit heures et pour un maximum de 70 kilomètres à partir de 1952. Ces tarifs seront portés à 300 francs l'heure pour un parcours ne dépassant pas 15 kilomètres dans les limites de l'agglomération. Le prix de location des voitures louées à la journée hors de l'agglomération variait en fonction de la distance du centre.

Entre 400 et 600 francs C.F.A pour les moins longs comme : Maya – Maya (aéroport), aviation militaire, village, jardin d'essais, cimetière Poto – Poto, Tsiémé, village des pêcheurs à Mpila.

Entre 700 et 1000 francs C.F.A pour les destinations les plus éloignées : Pont de liane, Tour de la corniche, Auberge des chutes de Colino, Auberge Gascogne, Cité énergie électrique, Concession Lecompte, Concession Puytorac. Ce tarif de jour doublé était appliqué la nuit de 19 heures à 5 heures du matin.

Jusqu'en 1951, le taxi-bus constitue le principal moyen de transport urbain de masse. L'autobus ne joue encore qu'un rôle mineur dans la desserte de la ville. L'exiguïté du territoire ne permettait pas une mise en place d'un réseau bien structuré.

L'apparition du premier autobus remonte à 1950. Il est l'œuvre d'un certain Monsieur Gaia qui disposait d'un parc de 12 autobus de marque Renault, surnommés à l'époque « ya kuti » (hibou) parce que l'avant de ces autobus ressemblait étrangement à la tête d'un hibou.

Le premier réseau a été conçu à l'origine pour relier les deux principaux quartiers noirs de la capitale : Bacongo et Poto – Poto ; il s'agit des « Brazzavilles noires » selon Georges Balandier.

Dès le départ, la ville blanche (ou la ville européenne) concentre l'essentiel des centres économiques (commerce, port) et administratifs. Cette partie de la ville est desservie par deux lignes : la première part du Port fluvial (Beach) vers le quartier Mpila (quartier Nord) et le second, du Beach à Bacongo (quartier Sud de la capitale).

Le trafic n'est pas très développé à l'époque ; malgré l'absence des données précises à ce sujet, il faut reconnaître que seule une minorité de personnes privilégiées utilisent ce nouveau mode de transport. Le trajet allant du Beach à Bacongo coûtait 1O francs C.F.A.

A partir de 1951, malgré l'arrivée sur le marché des autobus de petit gabarit et deux camions Chevrolet de forte capacité transformés en autobus, appelés amicalement par les Brazzavillois « taxi – Brazza », appartenant respectivement à deux commerçants, Messieurs Bardet et Nkounkou Mifoundou, la demande des usagers reste encore très forte. Et en 1952, l'ensemble du réseau comptait près d'une vingtaine de bus.

La concentration d'aussi importants moyens sur le même itinéraire va être la source d'un conflit larvé entre Gaia, Bardet et Nkounkou Mifoundou. Les transporteurs européens coalisés vont obtenir, sous la loi-cadre de l'Administrateur-Maire, l'élimination du concurrent africain qui désormais va orienter son activité sur la route nationale numéro un, pour les voyageurs fréquentant les marchés environnants. Restés seuls maîtres des lieux, la concurrence entre les deux transporteurs européens va redoubler d'intensité et s'achever en 1951 par une décision municipale concédant au seul Gaia le monopole des transports dans l'agglomération, à charge pour lui de constituer une société anonyme.

Gaia était à l'époque l'entreprise la plus adaptée à assurer l'organisation des transports dans la ville. Sous sa direction va se constituer une union étroite avec différentes petites entreprises détenues par des occidentaux. Cette union engendre en 1951, la Société Africaine des Transports Automobiles (S.A.T.A). Plusieurs années après, cette entreprise deviendra la Société Anonyme des Transports Africains. Bardet, éliminé de la compétition interne, se retire sur la route nationale numéro 1 pour exploiter l'itinéraire Brazzaville – Mboukou (village), jusqu'en 1960.

A l'indépendance, tous les taxis – bus seront supprimés sur ordre du Maire de Brazzaville à cause de leur état déplorable et insuffisant en matière de sécurité. La Société Anonyme des Transports Africains obtient au terme de la concession des transports urbains, signée le 11 mai 1951 et approuvée le 2 novembre 1951 par le Gouverneur du territoire du Moyen- Congo, le monopole d'exploitation non seulement des lignes qui existaient déjà, mais également de toutes les lignes en création.

Au début de l'exploitation, le matériel employé sur les deux lignes principales de la ville (Mpila – l'aéroport et Beach – quartier Bacongo) compte 7 cars Delahaye. Le taux de prise en charge des voyageurs passe de 10 à 12 francs C.F.A.

Dès 1954, le nombre de lignes régulières est porté de 2 à 3 dans la ville. Une nouvelle ligne reliant les quartiers limitrophes au centre est créée (Poto – Poto – Rond-point des 60 mètres – Bacongo par le centre). Pour augmenter la capacité de transport de ses véhicules, la SATA utilise, sur les 3 lignes, de nouveaux moyens de transport en commun, des autobus moyens de 20 à 25 places comportant 2 classes et une plate – forme centrale pour les voyageurs debout.

Le fractionnement en 2 sections des lignes permettant de pratiquer plusieurs perceptions fut suivi par une hausse des tarifs, portant le prix des places à 10 francs pour une section et 30 francs C.F.A pour deux sections en première classe. En seconde classe, la place revient à 10 francs pour une section et 20 francs pour 2 sections. Les diverses sections furent définies comme suit :

Ligne 1 (Mpila – Bacongo)

*Première section : Mpila – Mairie centrale*

*Deuxième section : Mairie centrale – Bacongo*

Ligne 2 (Port fluvial « Beach » - Bacongo « Guynemer »

*Première section : Beach – Mairie centrale*

*Deuxième section : Mairie centrale – Bacongo « Guynemer ».*

Ligne 3 (Poto – Poto – Rond-point des 60 mètres – Bacongo « Guynemer » - avenue du Général Leclerc)

*Première section : Poto – Poto – Rond point des 60 mètres, Mess des officiers, Bacongo, Avenue du Général Leclerc.*

La ligne 1 est desservie par une voiture et à raison de 11 voyages allers-retours par jour. La ligne 2 est également desservie par une voiture à raison de 11 voyages allers – retours par jour.

Enfin, la ligne 3 est desservie par 3 voitures à raison de 11 voyages allers-retours par jour et par véhicule.

## UNE POLITIQUE DE MONOPOLE DANS LES TRANSPORTS

Lors de la convention de 1951, il fut noté que Brazzaville était relativement pourvue en transports en commun. Mais cette remarque masque une réalité très complexe, notamment l'inadaptation des tarifs et l'uniformité de lignes.

Ces archaïsmes sont simplement le résultat de l'absence de politique des transports cohérente.

La convention du 2 novembre 1951 accorde à la Société des Transports Automobiles (SATA), plus tard Société Anonyme des Transports Africains, l'exclusivité de l'exploitation des transports en commun dans le périmètre urbain de la commune de Brazzaville. C'est le début d'une longue période de plus de trente années au cours de laquelle cette activité très lucrative va devenir le lieu d'un théâtre de conflits et d'influence politique exacerbés.

Pour régler cette question, la solution fut la mise en place d'un système de monopole qui resta inchangé jusqu'en 1976. Cette année marque l'arrivée de nouveaux groupes d'intérêts financiers pour pallier les défaillances de l'organisation des transports dans la ville et dynamiser un secteur économique en perte de vitesse.

Au terme de l'arrêté du 7 septembre 1950, le Conseil municipal qui ne pouvait plus admettre le désordre qui présidait dans l'organisation des transports en commun à Brazzaville, confia en 1951 le monopole des transports à une seule société, la SATA. A voir de plus près, ce choix ne semblait pas incarner le souci de l'intérêt commun, mais purement des considérations financières.

L'évolution démographique et l'apparition de nombreux quartiers d'habitat ont déterminé cette décision. Le Conseil municipal supportait les avantages d'un transport direct des différents centres d'agglomération où l'autorité municipale entendait disposer directement des dividendes des actions capitalisées de la société.

Dans le même ordre d'idées, la suppression des taxi - bus au profit des autobus qui fut effective dès 1951, aussi bien dans la ville européenne que dans les quartiers populaires africains, avait la même source de motivation profonde, bien que l'administration municipale invoquât la densité de circulation dans le centre et les encombrements provoqués par les taxi – bus.

La convention laissait la société libre du mode de gestion et des conditions de transport des voyageurs. Mais l'administration coloniale conservait cependant un droit de regard sur l'ouverture de nouvelles lignes.

### LA REMISE EN QUESTION DU MONOPOLE DE LA SATA

L'exemple le plus frappant de constitution de monopole dans l'agglomération reste celui des transports en commun. La fin de la seconde guerre mondiale et l'avènement des plans de reconstruction des colonies marquent le début de l'intervention de l'Etat dans les processus économiques.

Cette intervention a indéniablement joué un rôle particulièrement efficace dans la réorganisation de l'ensemble de l'activité économique et l'évolution de la politique des transports urbains. L'intervention de l'Etat dans l'économie n'était certes pas une nouveauté. Elle avait cependant un caractère purement législatif et se limitait à des prescriptions et des orientations formelles plutôt qu'à des objectifs à atteindre.

La seconde guerre mondiale, puis la dépression qui suivit, marquèrent une rupture dans cette politique traditionnelle de l'Etat, la politique appuyée sur le libéralisme économique du « laisser-faire », abandonnée à l'initiative privée.

L'Etat fut donc obligé d'intervenir directement dans le processus de production, soit en prenant en charge lui – même certains secteurs économiques, soit en favorisant la constitution de monopole dans toute une série de secteurs de l'économie. Cette nécessité répondait au besoin de l'Etat colonisateur, sorti affaibli de la guerre, de parvenir à un nouveau stade de développement.

L'intervention de l'Etat par l'apport de capitaux sous forme de subventions, de prêts ou de participations dans les grandes institutions en difficulté (banques, firmes, ...) et la constitution des monopoles dans une série de secteurs essentiels de l'économie, leur fusion au sein du capital financier, la formation d'ententes pour le partage des marchés marquèrent la nouvelle politique économique coloniale après 1946.

Mais la constitution de monopole dans les transports urbains, s'il supprimait toutefois la concurrence, ne supprimait pas les conditions inhérentes au monopole dont la recherche de profit restait le but principal. Il va créer même les conditions de leur exacerbation.

En mai 1951, le Conseil municipal, sur avis du Gouverneur, chef du Territoire du Moyen-Congo, autorise la formation d'une société des transports automobile pour la ville.

La SATA, société anonyme issue de la fusion des différentes entreprises privées détenues par les Européens et qui se partageaient les transports de la ville, voit le jour. Celle – ci obtient au terme de la convention de novembre 1951 (et de l'arrêté de juin 1954), le droit exclusif de stationnement et de circulation dans la ville, c'est – à – dire le monopole de l'exploitation des véhicules affectés aux transports en commun.

L'exploitation uniforme des lignes qu'assuraient les différentes entreprises de transport en commun privées desservant les quartiers européens de la ville, au détriment des quartiers africains, va être complètement modifiée. C'est ainsi qu'après 1950 on passe d'une situation de concurrence à une situation de monopole.

Il est difficile d'apprécier de manière rétrospective la constitution en monopole d'un service d'intérêt public, tels les transports en commun, par manque d'archives officielles.

Si on s'en tient uniquement au contenu purement juridique de la convention de la concession de 1951, on peut noter un réel progrès dans l'organisation des transports.

Dès 1947, on constate à Brazzaville un immense besoin des transports pour décongestionner, aux heures de travail, une population africaine active d'environ 20.000 travailleurs dispersés dans une agglomération en développement croissant. Le régime de concurrence jusque-là en vigueur dans la ville ne pouvait donner satisfaction à cette demande parce qu'il desservait les seuls quartiers centraux considérés comme seuls rentables.

Le mieux était donc de constituer une société appelée à rayonner en tous sens. Tel était l'esprit de la convention de concession du 2 Novembre 1951 et de l'arrêté du 9 Juin 1954, chacun imposant le nombre et la direction des lignes, les points de stationnement sur la voie publique, le nombre de voitures affecté à chaque ligne.

Le Conseil municipal se réserve en outre la faculté de modifier ces stipulations après avoir consulté le comité de coordination des transports en commun.

Cette convention préserve aussi l'avenir en accordant à l'Administrateur-Maire le droit d'imposer à la société, l'emploi de tout nouveau mode de locomotion qui présenterait des avantages en matière de sécurité et de commodité, mais également celui de concéder d'autres lignes à d'autres entrepreneurs en cas de non-respect des clauses de la convention par le partenaire.

En contrepartie de cette ingérence dans la fixation des itinéraires, l'administration municipale garantit et maintient au monopole privé des tarifs de profit aussi élevés que possible.

Cette garantie devait porter sur une longue période afin que la société concessionnaire puisse amortir les charges qu'elle consent pour le fonctionnement de l'entreprise.

Dans cette analyse purement juridique de la convention de concession, la constitution du monopole des transports urbains apparaît donc comme une sorte d'entente entre l'initiative privée et le dirigisme de l'administration coloniale afin de supprimer la libre concurrence dans un secteur d'intérêt public. Mais dans la pratique, le monopole fut la source de nombreux abus.

### RÉVOLUTION CONGOLAISE ET CHOIX POLITIQUE POUR LES TRANSPORTS EN COMMUN À BRAZZAVILLE

La révolution congolaise de 1963 va se révéler en effet comme une période propice à une politique résolument volontariste dans tous les domaines économiques. Le phénomène est bien perçu par l'ampleur des nombreuses réalisations à partir de 1964.

Cette évolution toute récente va donner toute latitude aux pouvoirs publics pour élaborer une politique entière de transport urbain. Seulement au courage politique et aux sacrifices de la période révolutionnaire va se superposer un étonnant manque de réalisme de la part de certains responsables politiques de l'époque.

La situation de monopole privé ne commença à être sérieusement entamée qu'à l'occasion du renouvellement de la convention de la SATA en 1964. On reprochait à la SATA son indifférence à l'égard des besoins de sa clientèle et son absence d'innovations techniques du matériel utilisé.

Mais la qualité de l'insuffisance de l'offre n'était pas le seul reproche que l'on faisait à la SATA. Le problème des transports en commun allait se présenter sous des termes nouveaux après 1963.

Pour la première fois dans l'histoire des transports urbains, on a fait passer les intérêts de la population avant les profits financiers. La révision de la convention de la SATA en 1964 fut l'occasion d'une première, mais insuffisante, tentative de remise en ordre avec l'avènement de la Régie Municipale des Transports de la ville de Brazzaville (R.M.T.B.).

Tout le monde s'accordait sur l'insuffisance du réseau d'autobus créé sous la colonisation, tous se déclaraient prêts à tenter l'expérience pour établir à Brazzaville un service public de transport en commun pour faire face à l'extension de la ville qui se dessinait.

L'accord est aussi unanime sur le principe qui doit présider à l'établissement du nouveau service public des transports en commun : il s'agit d'une régie directe sous le contrôle de la mairie avec comme objectif la gestion du service d'exploitation des autobus de transport en commun des voyageurs desservant la ville en reliant entre elles les différents quartiers de la ville au moyen des lignes nouvelles.

Le régime de la régie directe établi, le réseau est divisé en quatre lignes, concédé à une société unique, avec privilège exclusif de monopole.

La régie fait l'objet d'une concession accordée sans subvention, son fonctionnement étant l'objet d'un budget spécial annexé au budget de la commune et voté par le Conseil municipal.

La société municipale doit donc tirer de ses seules activités non seulement la rémunération du capital engagé mais aussi l'investissement nécessaire à son propre fonctionnement ou à l'extension de l'entreprise.

Les conséquences sont claires. Les pouvoirs publics se déchargeaient sur la seule municipalité des charges de rentabilité d'une entreprise qui pour des raisons politiques et sociales allait créer un certain nombre de lignes déficitaires pour répondre aux besoins d'une ville en extension rapide.

L'augmentation démographique de la ville par la suite va menacer le fragile équilibre financier de l'entreprise qu'il convenait à tout prix de maintenir. Aussi le réseau des autobus municipaux va-t-il s'étendre sur une échelle spatiale cependant beaucoup plus vaste que ne lui permettaient les moyens à sa disposition.

La ville se trouvait ainsi dans une situation apparemment paradoxale, d'une ville possédant un réseau d'autobus relativement dense, mais ne desservant qu'une zone très limitée.

Durant les premières années de la révolution congolaise de 1963, la situation des transports se détériora considérablement. L'impuissance du système de transport va avoir des conséquences graves sur l'extension incontrôlée de la ville.

En 1971, date de la première crise de la régie municipale, un service très médiocre assure encore les liaisons entre le centre-ville et les quartiers populaires. Les pouvoirs publics ont laissé passer l'occasion d'établir une infrastructure préalable qui aurait pu orienter l'extension de la ville et modeler son paysage.

1964, pour l'ensemble du pays, mais surtout pour Brazzaville, est une période de profonde mutation politique et économique. Pour faire face aux événements politiques de 1963, à l'exode rural et au chômage, les pouvoirs politiques ont imaginé des solutions économiques et sociales radicales.

### SOLUTION POLITIQUE CONSENSUELLE

Après le renversement du président Abbé Fulbert Youlou, suite aux revendications sociales et aux contestations politiques, les nouveaux hommes forts du pays créent le Mouvement National de la Révolution.

L'appartenance politique des membres du Conseil municipal au Mouvement National de la Révolution n'a pas manqué d'infléchir les choix en matière de transport en commun.

Pour les pouvoirs publics et le Conseil municipal, il était plus que temps de modifier fondamentalement le régime des transports jusque-là en vigueur et de l'adapter aux nouvelles réalités économiques et sociales. Il ne s'agissait plus d'apporter des solutions précaires au problème des transports en commun mais de créer un régime permanent.

La situation actuelle des transports urbains de Brazzaville doit être restituée dans son histoire récente. Cette histoire montre que le système n'a jamais trouvé un équilibre stable, mais a évolué de manière cyclique, avec la mise en circulation d'autobus neufs et leur détérioration, laissant momentanément la place au développement du secteur privé informel (par son organisation) ; tout ceci dans un schéma institutionnel de monopole de service public affirmé par les autorités dès 1963.

A l'indépendance, le service de transport urbain est assuré par la Société Anonyme des Transports Africains (SATA). Cette société dessert un réseau de cinq lignes d'une longueur totale de cinquante-deux kilomètres et dispose d'un parc de sept autobus de marque Delahaye.

### La RMTB : première société publique (1964-1971)

La décision de création de la Régie des Transports de Brazzaville fut prise au cours d'une délibération du Conseil municipal, le 31 mai 1963[16], selon le modèle de la régie directe visant à assurer le service public et rompant avec la précédente société privée, la SATA.

La nouvelle entreprise de transport possède un parc de douze autobus de marque Berliet, renforcé par une dotation de dix nouveaux autobus, en 1963, à la veille des premiers jeux africains. En 1967, le réseau desservi passe de cinq à sept lignes d'une longueur de quatre vingt-cinq kilomètres. Le tarif fut fixé à 2F

---

[16] Direction Générale de l'Administration Routière : Rapport annuel 1990 – Congo-Brazzaville – 1990.

CFA dès 1965, prix sans doute élevé pour l'époque, mais qui fut maintenu pendant quinze ans au même niveau. Ce maintien du tarif fut certainement une cause, parmi d'autres, de la détérioration d'ensemble du système sur une longue période, alors qu'aucune subvention pour l'exploitation ou l'équipement n'était officiellement prévue *(rapport annuel de la Direction Générale de l'Administration Routière du Congo, 1991)*[17].

L'entreprise, avec un parc général de 32 bus, eut à faire face à l'extension urbaine de l'agglomération, avec la difficulté de desservir les nouveaux quartiers périphériques tels que Talangaï et Kinsoundi. *« L'entreprise,* comme le souligne Xavier GODARD, *fut confrontée aux difficultés internes de gestion, renforcées par le poids de décisions politiques provenant de la tutelle, mairie et ministère de l'Intérieur »*[18]. C'est finalement ce manque de rigueur dans la gestion qui entraînera la dégradation de la société qui fut sanctionnée en 1972 par la cessation d'activité. Au dépôt du bilan, en 1972, le relais est assuré par le secteur privé informel (foula-foula) en vue de compenser le déficit en autobus engendré par la RMTB.

**La STB : première phase (1972-1980)**

En septembre 1972, la municipalité de Brazzaville signe un contrat avec la « Compagna de Exportationes Industrieles » (COFEI), pour l'acquisition de cinquante bus. Mais après dix mois seulement d'activité, la COFEI sera liquidée, pour mauvaise gestion au profit de la Société des Transports de Brazzaville (STB) qui sera créée en décembre 1973, à l'occasion de l'achat de cinquante autobus (marque Pegaso), couvert par un financement espagnol et bénéficiant de la caution de l'Etat congolais. Cette société est fondée sur le même statut que la RMTB : *« n'ayant pas*

---

[17] Direction Générale de l'Administration Routière : Rapport annuel 1991 – Congo-Brazzaville – 1991.

[18] GODAR (Xavier) : « Quel modèle de transports collectifs pour les villes africaines ? Cas de Brazzaville et de Kinshasa » in politique africaine, mars 1985.

*d'autonomie de gestion et fonctionnant en règle municipale »*[19]. Dans le système politique à parti unique, en place au Congo, l'Etat exerce un contrôle direct sur le fonctionnement de la Mairie et sur ses partenaires. Quand l'Etat connaît une crise, la Mairie en souffre énormément. C'est le cas des années 1973 et 1975. La crise économique qui frappe le pays affecte le fonctionnement de la Mairie à tel point que la municipalité doit faire appel aux particuliers résidents pour mettre en exploitation provisoirement tout moyen de transport collectif confortable au tarif de 25F CFA par voyageur. C'est la grande époque des taxis « cent-cent » et des foula-foula. Pendant quatre ans, ces nouveaux moyens de transport vont assurer l'essentiel de l'offre, jusqu'en 1981, année au cours de laquelle une nouvelle entreprise municipale sera créée.

A l'époque, souligne Joseph KAMA, *« le parc des foula-foula, véhicules utilitaires aménagés, pouvant comprendre de 5 à 50 places, était estimé disposer de 100 à 200 véhicules en 1978 »*[20].

L'implication une seconde fois du secteur privé intervient au moment où les structures municipales deviennent inefficaces.

### La STUB ou la STB : deuxième phase (1981-1985)

Au sortir de la conférence des entreprises d'Etat, tenue à Brazzaville en 1980, un plan de redressement est mis en application en vue de sauver la société. L'activité de la STB reprend, fin 1980, avec l'achat de 104 autobus Pegaso, dans un schéma de monopole de service public et de régie municipale comme dans les phases antérieures. Les tarifs sont fortement réajustés à 60F CFA, pour les lignes courtes vers le centre, et 100F CFA pour les lignes dites « express » de périphérie. Finalement, le tarif sera unifié à 100F CFA en 1983 « pour améliorer le niveau de recettes de la société ». Le trafic journalier est d'environ 80.000 voyageurs par jour pour un parc de 60 à 70 autobus.

---

[19] Direction Générale de l'Administration Routière : « Analyse critique de la situation des transports en commun à Brazzaville » - Congo-Brazzaville – 1990.
[20] KAMA (Joseph) : « le système de transport de Brazzaville » in Revue RTS – décembre 1986.

Si en 1961, la ville de Brazzaville s'étendait sur un rayon de près de trois kilomètres (3 km) autour de la mairie, vingt-quatre ans après, c'est-à-dire en 1985, elle s'étend sur un rayon de plus de vingt kilomètres (20 km)[21]. Cette nouvelle extension a favorisé une demande plus importante. Le réseau routier est composé de vingt-cinq lignes (25 lignes) d'une longueur de près de 300 kilomètres. Les effectifs passent de 151 à 1.012 agents entre 1980 et 1984. Des commandes supplémentaires d'autobus sont passées, portant le parc théorique à 248 autobus. Mais cette extension apparente du parc cache en fait un renouvellement accéléré du parc qui souffre d'une insuffisance chronique de la maintenance.

Cette situation serait due d'une part, à la confusion permanente qui règne entre les structures de l'Etat, la municipalité et la société d'exploitation et d'autre part, à la mauvaise gestion financière au sein de la société, comme l'affirme Jacques MALANDA, *« après une période d'équilibre financier en 82-83 (jusqu'en août 83), période de prospérité, la situation financière de la STB se dégrade en 84-85. Cette période est marquée par des difficultés financières accrues »*[22].

La STB est dissoute pour laisser la place à la STUB (Service de Transports Urbains de Brazzaville), société d'économie mixte, (Congo, Renault véhicules industriels) créée pour remplacer la STB. Mais par manque de financement pour l'acquisition des nouveaux autobus, cette société ne fonctionnera que pendant sept mois.

Par délibération du Conseil municipal, en janvier 1986, l'exploitation des transports urbains est, pour la première fois, officiellement autorisée au secteur privé[23].

---

[21] CRETH – URBANOR, schéma directeur de Brazzaville – Etude socio-urbaine – janvier 1986.
[22] MALANDA (Jacques) : Desserte de la ville de Brazzaville par minibus (foula-foula) – CRETH / ORSTOM – Brazzaville 1990.
[23] Direction Générale de l'Administration Routière : Rapport annul 1990 – Congo-Brazzaville – 1990.

Entre-temps, avant cette disposition, les foula-foula et les taxis collectifs (cent-cent) ont maintenu une faible activité sur l'ensemble de cette période, sur quelques liaisons périphériques telles que marché Total de Bacongo, Kinsoundi, ou bien la desserte de la base aérienne.

En 1985, le nombre de foula-foula et de taxis collectifs a augmenté avant la dissolution de la STB pour croître brusquement après cette dissolution, comme le souligne Xavier GODARD : *« ils jouent de nouveau le rôle d'offre de substitution face à la défaillance du service public, tout en participant au déclin du système d'autobus par la concurrence inégale qu'ils livrent à ces derniers »*[24].

## ENSEIGNEMENTS DE L'EXPÉRIENCE ANTÉRIEURE

Il apparaît que la dégradation est allée en s'accélérant lors des différentes phases successives, alors que les moyens mobilisés (parc de véhicules, nombre d'employés) étaient chaque fois plus importants. Ceci tend à suggérer que l'on est en présence d'une situation économique difficile et que dans un système de rapport de force (Etat/privé), le modèle de régie directe avec monopole de service public ne peut guère assurer sa pérennité dans les pays d'Afrique noire à cause de la fragilité permanente des rapports sociaux et économiques.

A la lumière du tableau historique sur les transports publics, nous pouvons dire que l'échec des différentes entreprises municipales serait dû, tout d'abord, à une organisation interne et ensuite, à l'influence du contexte économique et social global.

Toutes les fois où le secteur public a connu des difficultés, l'Etat a fait appel au secteur privé. Et au Congo, les deux secteurs ont souvent entretenu des rapports complémentaires.

---

[24] GODARD (Xavier) : Des différentes formes de transport collectif à Brazzaville – Edition Paul – Congo-Brazzaville 1983.

Et la réapparition permanente des taxis « cent-cent » et des « foula-foula », qui est aussi la volonté manifeste de la population, nous paraît être la concrétisation de ces rapports.

Ces nouveaux moyens de déplacement bénéficient de la part des populations des villes d'Afrique noire, d'une grande audience à cause de leur pragmatisme et de leur efficacité (notamment à Brazzaville), comme l'objecte Nzuzi Lelo *« même s'ils ne satisfont pas aux exigences du service public, les moyens de substitution observés à Kinshasa et à Brazzaville, les Foula-Foula, les Kimalumalu et les taxis Cent-Cent font preuve d'une plus grande efficacité »*[25].

### INTERPRÉTATION DE L'ÉVOLUTION DU SYSTÈME DE TRANSPORT

Plusieurs niveaux d'interprétation peuvent être considérés, à la lumière du triste tableau retraçant l'histoire des transports publics urbains à Brazzaville précédemment présenté, indiquant que chaque élément du système ne peut être compris qu'en référence aux autres.

### POIDS DU CONTEXTE ÉCONOMIQUE GLOBAL

L'environnement macro-économique du Congo constitue un facteur déterminant, surtout si l'on considère la part du revenu national qui concerne la capitale. C'est ainsi que le rachat cyclique d'autobus en 1980, 82 et 83 ne peut être compris qu'en référence au contexte économique favorable de cette époque et à la redistribution de revenus pétroliers. Finalement, c'est en 1983, avec le retournement des cours du pétrole, que commenceront les difficultés réelles de la STB. A cette époque, les services municipaux étaient dans l'incapacité de se doter de nouveaux autobus. Les difficultés de l'Etat se sont accentuées avec la chute des revenus pétroliers en 1986, et l'exécution du programme

---

[25] NZUZI (Lelo) : Urbanisation et aménagement en Afrique Noire. CDU et SEDES, Paris 1989.

d'ajustement structurel (PAS). Et toutes ces variantes ont eu des répercussions sensibles sur l'ensemble du système.

**RESPONSABILITÉ DES SERVICES MUNICIPAUX**

Durant plusieurs années, la municipalité a réaffirmé le monopole des entreprises publiques sur le transport en commun dans le périmètre urbain. Cependant, elle s'est très peu préoccupée de définir et de garantir les conditions optimales de fonctionnement des différentes entreprises de transport.

### Absence de politique en matière de transports urbains

Il n'y a jamais eu réellement de politique de l'Etat en matière de transports urbains, tant de la part du pouvoir central que des autorités locales.

Cependant, quand cela était nécessaire, l'Etat a mis à la disposition de la municipalité des autobus. C'est le cas des années 1965 et 1980, comme le souligne Xavier GODARD: *« L'Etat a plus d'une fois volé au secours des transports urbains en obtenant des financements pour l'acquisition du matériel roulant, mais chaque fois cela était dicté par la conjoncture : premiers Jeux Africains en 1965, centenaire de la ville de Brazzaville en 1980 »*[26].

Le pouvoir central qui intervient dans la fixation des tarifs ne prend cependant pas en compte, lors de l'élaboration du plan d'urbanisme, de la préoccupation de développer le transport en commun. Il est souvent resté impuissant devant l'occupation anarchique des terrains et la montée démographique des nouvelles zones ainsi créées. C'est le cas des nouveaux arrondissements nouvellement créés (Talangaï et Mfilou) pour lesquels les règles de construction n'ont jamais été respectées.

---

[26] GODARD (Xavier) : « Transports collectifs privés. Expérience de différentes villes du tiers-monde ». Rapport INRETS – Brazzaville 1984.

### Absence de régime juridique

Toutes les entreprises publiques de transports urbains qui ont existé ont fonctionné sans un cadre juridique véritable, ou lorsque celui-ci était défini, il ne l'était que sur le papier et jamais mis en application. Présentées tour à tour et selon les périodes, comme régie municipale, société d'Etat, service municipal, ces entreprises ne possédaient ni loi de création, ni statuts, ni règlement intérieur approuvé. Ce qui n'a pas permis de clarifier les relations entre différents partenaires. Cette situation a engendré un conflit permanent des rôles, notamment entre la politique et la technique.

On assiste ainsi, au niveau interne, à un relâchement de l'activité économique, conséquence d'une épreuve permanente des rapports de force entre, d'une part, le politique représenté par le parti unique (le Parti Congolais du Travail) et le syndicat (appareil idéologique de l'Etat), et d'autre part, l'administration.

La Direction Générale de l'Administration Routière dans son rapport annuel de 1990 relève, à propos des contradictions souvent intervenues dans la gestion des entreprises publiques de transport, que *« certaines décisions de gestion de caractère urgent se sont ainsi trouvées bloquées par le contexte politico-syndical qui exigeait la participation de tous les partenaires sociaux : administration, parti et syndicat »*[27]. Le rapport poursuit : *« les relations entre la tutelle et l'entreprise n'étant pas clairement définies, le maire a souvent joué le rôle dévolu au comité de direction. Il procède aux recrutements du personnel, nomme les cadres aux différents emplois et ordonne les sorties des fonds de l'entreprise ».*

### Problèmes d'exploitation

La forte expansion démographique, l'occupation anarchique des terrains et le mauvais état de la voirie ont souvent constitué de

---

[27] Direction Générale de l'Administration Routière : Rapport annuel 1990 – Congo-Brazzaville, 1990.

véritables handicaps pour une exploitation rationnelle des transports urbains.

Par ailleurs, les dimensions de la ville, notamment celle de Brazzaville, l'existence de plusieurs zones d'attraction ont rendu difficile la conception d'un plan léger des circuits d'autobus.

*Causes de dégradation des sociétés d'autobus*

Plusieurs sources de difficulté sont à l'œuvre, entraînant des cercles vicieux de dégradation des sociétés d'autobus. Il s'agit entre autres de *« main-d'œuvre qualifiée insuffisante, embauches de complaisance pour résoudre les problèmes d'emploi de personnes « recommandées » par la tutelle, déséquilibre de l'offre et de la demande, difficultés d'approvisionnement en pièces détachées, phénomènes de fraude et de vol de certains types de matériel ou de carburant, manque d'autorité et de responsabilité de l'équipe dirigeante »*[28].

Le principal cercle vicieux est que dès qu'une difficulté surgit, limitant le nombre de bus en exploitation, la vulnérabilité s'accroît : risque de panne en augmentation, diminution des recettes et donc, dégradation automatique du parc.

### Politique d'entretien du matériel roulant

L'une des principales raisons qui ont favorisé la défaillance des diverses entreprises de transport qui ont existé à Brazzaville est sans nul doute la rapidité avec laquelle leur parc s'est détérioré. Tout ceci est bien imputable à une politique d'entretien du matériel roulant.

---

[28] MILANDOU (Norbert) et MALANDA (Jacques) : Milieux professionnels de transports urbains – Mémoire maitrise es sciences économiques – Université Marien NGOUABI de Brazzaville, 1991.

*Un entretien régulier insuffisant*

Compte tenu du régime de travail qui a existé jusqu'en août 1965 (date de liquidation de la Société des Transports de Brazzaville), à savoir le travail en deux vagues (au même rythme que le personnel navigant), l'équipe de mécaniciens devant assurer la maintenance journalière ne pouvait arriver à des résultats acceptables. Ainsi, il n'a pas été rare de voir plus d'une dizaine de bus rater la sortie pour des pannes bénignes.

Plus grave est le cas des autobus mis en ligne avec un déficit d'huile ou d'eau, avec comme conséquence la mise hors service du moteur.

*Absence de révision cyclique*

De par l'organisation même du travail au sein de l'entreprise, cette opération était difficile à réaliser. En effet, le parc en état de marche était affecté au service d'exploitation. Les véhicules n'étaient envoyés au garage qu'en cas de panne. Ainsi, tant que le chauffeur du bus n'a pas déclaré une quelconque panne, l'autobus continue à circuler même si celui-ci présente déjà quelques défaillances préjudiciables. Aucun suivi véritable de bus ne s'est effectué. Jusqu'en 1986, par exemple, il était impossible de connaître le kilométrage effectué par chaque autobus. Un autre fait qui relève de l'anecdote est celui d'un autobus rentré au garage pour une simple crevaison, il a dû être oublié pendant six mois parmi les autobus immobilisés pour pannes graves.

*Temps d'immobilisation des autobus relativement long*

L'allongement du temps d'immobilisation des autobus est dû à une faible productivité de la part des mécaniciens. La preuve en a été donnée lorsque, après la liquidation de la Société de Transports Brazzavillois, à la faveur du nouveau rythme de travail insufflé par les nouveaux dirigeants, des performances ont été réalisées par ces mêmes mécaniciens. Il y a là une question de manque de conscience professionnelle.

La deuxième raison, qui explique l'allongement des temps d'immobilisation, est le manque de pièces de rechange.

*Le manque de pièces de rechange*

L'absence d'une politique adéquate d'approvisionnement surtout en pièces de rechange, a constitué l'un des plus grands maux des entreprises. Elle a contribué à une dégradation assez rapide du parc. Les difficultés ici se situaient à deux niveaux.

D'abord, sur le plan extérieur : les autobus du réseau de Brazzaville avaient tous été fournis par un constructeur espagnol Pegaso. Ce dernier subordonnant la fourniture du matériel à un système de crédit documentaire où l'entreprise devait tout d'abord verser un acompte avant que la marchandise lui soit expédiée. Ce qui allongeait les délais de livraison. L'autre alternative était de se faire approvisionner directement à Pegaso, soit par l'intermédiaire d'une maison de la place, soit en dépêchant sur place une délégation de l'entreprise.

Sur le plan intérieur, on relève l'ignorance ou la négligence du rôle des approvisionnements, de la gestion des stocks. Ainsi, la commission chargée d'élaborer le plan de redressement de la STB en 1980 diagnostiquait ce qui suit : *« Le service souffre considérablement du manque de personnel formé capable d'assurer une gestion correcte des stocks. Le magasin joue le rôle d'un lieu de repos où la direction affecte des personnes jugées inopérantes dans les services exigeant un effort physique. Ce personnel manquant de formation de base ne fournit aucun rendement appréciable »*.

Un aspect plus particulier est celui de la fraude et du vol d'outillage et de pièces diverses prélevées des autobus en service ou immobilisés dans l'atelier. Ainsi, il a été déploré en 1986 la disparition des démarreurs de plusieurs véhicules. On peut également citer dans ce sens d'autres pièces comme les rétroviseurs des autobus, les dispositifs des feux.

## Conséquences de la physionomie et de la structuration de la ville

Brazzaville, bien que placée sur une plaine, est confrontée à l'existence de plusieurs ravins et à un grave problème d'érosion. Ce handicap naturel constitue un obstacle majeur pour l'aménagement urbain et pour le développement de ses infrastructures. L'extension de la ville a eu pour conséquence une concentration des rues bitumées aussi bien dans le centre de la ville que dans les quartiers populaires.

*Problèmes liés à la perturbation du trafic*

Plusieurs causes sont à l'origine de la perturbation du trafic et empêchent une bonne fluidité de la circulation, tant des autobus que des taxis.

a) La composition hétérogène du parc automobile estimé à près de 25.000 unités ; le parc automobile de la ville est très hétérogène car on voit se côtoyer dans les rues aussi bien les autobus avec les charrettes à deux roues « pousse-pousse » que les camions poids lourds avec les voitures des particuliers et les cycles de tous genres. Circulant dans les rues étroites tel que souligné plus haut, on est souvent en présence de nombreux bouchons, surtout aux heures de pointe.

b) Absence d'aménagement pour véhicules assurant le transport collectif, dans les conditions telles qu'énoncées plus haut, la vitesse d'exploitation des autobus est très réduite.

c) Occupation de la chaussée par les piétons, les marchands ambulants et autres.

d) Stationnement illégal et en désordre : il n'est pas rare de voir des véhicules autres que ceux destinés au transport en commun stationner aux arrêts des autobus, obligeant ceux-ci à s'arrêter en deuxième file pour déposer et prendre des clients, créant ainsi un embouteillage.

e) Détournement assez fréquent du trafic lors des manifestations politiques ou au passage des officiels.

*Problèmes liés à la gestion du réseau*

Les questions relatives à la gestion du réseau ont un caractère très délicat, car il s'agit ici du contact avec le client, consommateur du produit. Il s'agit de toute la politique qui doit être mise en œuvre pour assurer dans les conditions les plus optimales l'équation de l'offre et de la demande ou du moins, l'utilisation la plus rationnelle des moyens de production. Dans ce cadre, plusieurs aspects de cette gestion peuvent être relevés.

a) Conception des lignes de circulation des autobus

L'unique plan de circulation des autobus a été élaboré en 1981, constitué de 37 lignes, dont 7 lignes dites « express » et 30 lignes « omnibus ». Ce réseau présentait beaucoup de lacunes dont la superposition sur une bonne partie de plusieurs lignes, la longueur parfois très grande de celles-ci (certaines de 20 km). Ce qui, bien sûr, rend difficile l'affectation des autobus par ligne.

La conséquence immédiate est la diminution de la fréquence en raison des temps de rotation trop longs et du petit nombre d'autobus mis en service sur chaque ligne avec un temps de rotation d'une heure et demie. Il n'était pas rare de voir des intervalles de 20 à 30 minutes. Ajouté à cela, le fait que les lignes ne peuvent être ouvertes que sur des voies bitumées, dans certains quartiers, les usagers sont souvent obligés de marcher sur plus d'un kilomètre avant d'atteindre l'arrêt d'autobus le plus proche.

b) Problèmes liés aux phénomènes spatial et horaire

L'extension constante de la ville, l'ouverture de nouvelles voies, appellent à l'allongement des lignes vers la périphérie ou à la création de nouvelles. D'autre part, les fluctuations journalières, mensuelles ou saisonnières, exigent une perpétuelle réadaptation de la desserte.

Ainsi, le responsable de l'exploitation se trouve dans la perplexité lorsque pendant les périodes creuses de 9h à 11h30 et de 14h30 à 17h, il doit choisir entre réduire le nombre de services pour assurer la rentabilité, ou maintenir le nombre pour des besoins d'intérêt public (éviter l'augmentation du temps d'attente aux arrêts).

c) Problèmes liés au comportement du personnel

Comme dans la plupart des entreprises et administrations publiques, on déplore souvent la mauvaise conscience professionnelle des agents, qu'ils soient cadres, agents de maîtrise, chauffeurs ou releveurs.

**Parmi les grands maux, on peut citer :**

. Les absences et les retards au travail.
. L'insubordination.
. Les cas de fraude.
. Une conduite brutale et destruction du matériel.
. Attitude non courtoise envers la clientèle.

### Problèmes de trésorerie

Toutes les entreprises qui se sont succédé dans la ville de Brazzaville ont dû être liquidées ou ont dû arrêter leurs activités à cause de la situation très préoccupante de leur trésorerie. Sans pouvoir entrer dans une analyse financière fastidieuse, on peut toutefois citer un certain nombre de raisons qui ont été à l'origine ou ont contribué à cette situation.

*Problèmes liés au tarif*

La question de fixation des prix étant un domaine réservé au Ministère du Commerce (à travers la commission nationale des prix), plusieurs entreprises ont eu souvent du mal à faire admettre leur proposition de révision à la hausse du tarif.

Celui-ci est resté longtemps bloqué au montant de 25F CFA, puis à 60F CFA, avant d'être enfin relevé à 100F CFA. Pendant ce temps, les coûts de plusieurs produits ont connu une hausse considérable. Ainsi, pendant que le tarif est demeuré de 1963 à

1980 à 25F CFA la place, le prix du litre de carburant est passé tour à tour de 26F en décembre 1973, 40,50F CFA en juin 1974, 50F en mars 1977 et 76,40F CFA en janvier 1979.

Si le tarif a été relevé à 100F CFA en 1983, le prix du litre de carburant était fixé à 195F CFA et le salaire moyen versé aux travailleurs a augmenté de plus de 30%.

*Transport déficitaire, prestations gratuites*

En raison de leur caractère public, les différentes entreprises ont été amenées à pratiquer des tarifs préférentiels pour certains groupes sociaux comme les élèves et les travailleurs. Ainsi, l'abonnement mensuel pour élèves et étudiants coûtait 3.200F CFA au centre-ville et 4.000F CFA en banlieue, soit un prix voyage respectivement de 62F et 77F contre un tarif officiel de 100F CFA.

Plus grave encore est la question des prestations que l'entreprise est obligée d'effectuer gratuitement. Il s'agit notamment du transport régulier des travailleurs de la mairie. Il s'agit également du transport des militaires de la garde présidentielle. Il s'agit enfin du déplacement gratuit dans les autobus en ligne des handicapés physiques, des agents municipaux et parents des agents de l'entreprise.

Par contre, rien en compensation de ces réductions et gratuités n'est donné à l'entreprise comme subvention d'équilibre.

*Des charges d'exploitation non compressibles*

Les conditions quelque peu difficiles d'exploitation des autobus font que les coûts en matériel sont très élevés et le demeurent malgré l'évolution à la baisse du nombre d'autobus en service. En effet, pendant que d'un côté baisse la consommation en carburant, de l'autre augmentent la consommation et les coûts en pièces de rechange. Par ailleurs, le caractère et le statut d'établissement public des entreprises font que les charges de personnel restent invariables en dépit de la situation de chômage d'une partie des agents par la suite de la dégradation du parc.

*Des charges financières contraignantes*

Si les entreprises sont souvent en mesure d'assurer leurs charges de fonctionnement courant, il leur est plus difficile d'avoir des provisions nécessaires pour l'amortissement du matériel roulant et pour honorer, à l'échéancier établi, le remboursement de la dette contractée pour l'acquisition de ce même matériel. Le poids de la dette est souvent très difficile à supporter pour la trésorerie de l'entreprise.

Cette situation de trésorerie, comme on peut le voir, n'autorise pas du tout un autofinancement pour l'acquisition de nouveaux autobus et comme de la part de l'Etat, à cause des restrictions du programme d'ajustement structurel, on n'est plus en droit d'attendre de nouvelles dotations de matériel, on en arrive ainsi à la faillite et à la fermeture de l'entreprise publique.

## LES DÉBUTS DIFFICILES

Parmi les facteurs qui ont contrarié dès sa création le système de la régie directe, figurait naturellement l'évolution démographique et spatiale de la ville ; une croissance démographique, variable selon les années, mais rapide et continue. De 1964 à 1972, la population de Brazzaville passe de 135 000 à 242 000 habitants, soit un gain de 107 000 habitants.

Parmi les causes essentielles de cette croissance, l'exode rural dû à l'absence d'expansion économique des zones rurales après huit années de crises politiques, une révolution bureaucratique dominée par des objectifs confus et surtout une baisse des activités tertiaires. Ces phénomènes auraient pu avoir des répercussions bénéfiques sur les premiers essais de la régie, mais ce ne fut pas le cas.

En moins d'une dizaine d'années, de 1964 à 1972, la ville a littéralement éclaté ; sa superficie a pratiquement doublé passant de 2 300 à 3 600 hectares. La croissance de la ville était visible dès 1970 : elle diffère surtout par la clientèle qu'elle touche.

La grande majorité de nouveaux lotis sont des ouvriers et des employés au faible pouvoir d'achat. Ils sont obligés de s'installer dans les quartiers périphériques de la ville. Ce phénomène est lourd de conséquences pour la politique de transports en commun.

L'extension spatiale de la ville, la dissociation toujours plus nette entre zone de travail et zone de résidence pour les couches sociales modestes exigeaient une extension des réseaux tout en maintenant des tarifs relativement bas.

Le second facteur auquel la régie directe doit ses débuts difficiles réside dans la volonté de l'omnicompétence des politiciens et dans leur désir de s'affirmer en particulier dans le secteur public.

La poursuite des politiques rationnelles devient virtuellement impossible dans ces conditions. Ce facteur déjà sérieux par lui-même allait être aggravé par l'habitude prise par ces mêmes hommes politiques d'utiliser l'entreprise pour fournir des emplois à une clientèle régionale de qualification professionnelle souvent insuffisante.

Les résultats d'exploitation déficitaires de l'entreprise ont eu, dans une large mesure, pour cause un nombre de travailleurs excédentaires et la compétence souvent douteuse de cadres régionaux à qui sera confiée la direction de l'entreprise publique.

L'accroissement rapide de la ville, l'incompétence et l'inconscience des cadres politiques gestionnaires ont mis en lumière un certain nombre de points faibles de la régie directe de 1964 à 1972.

L'ensemble du réseau de transport en commun assurait en 1977 environ 14500 déplacements journaliers. Trois pôles fondamentaux apparaissent dans l'organisation de ce réseau.

Le premier est constitué par le Rond-point Koulounda dans le quartier de Ouenzé, le second représente le Centre-ville, enfin le dernier la gare routière « Total » de Bacongo.

### ANALYSE DE L'ÉCHEC DES TRANSPORTS PUBLICS URBAINS À BRAZZAVILLE

Le fonctionnement des différentes sociétés de transport public à Brazzaville s'est fait sous une succession des régimes à parti unique (entre 1963-1986). Ce fait a considérablement affecté les prestations attendues de celles-ci.

Il a été noté tout au long de ce travail une forte domination des instances politiques sur les instances administratives des sociétés de transport, et de celles-ci sur les instances économiques. Aussi, une confusion des instances et une absorption par l'Etat (ministère de tutelle) de certains partenaires sociaux comme les syndicats (Confédération Syndicale Congolaise) ont été relevées.

De plus, les relations entre organismes administratifs ont été fortement articulées, en application stricte du principe hiérarchique (Parti-Etat) et un mot d'ordre : « le Parti dirige l'Etat », laissant peu de place à la coordination. Cette organisation a assuré une subvention étroite des échelons inférieurs aux échelons supérieurs.

L'Etat (ministère de tutelle, et le Maire central de la ville de Brazzaville) et l'administration de chacune des sociétés de transport sont devenus un instrument de la classe dominante (les dirigeants du pays représentants du régime à parti unique) ; « L'Etat n'est pas autre chose », affirme MARX dans « l'idéologie allemande » que *« la forme d'organisation que les bourgeois se donnent par nécessité tant à l'intérieur qu'à l'extérieur »*[29].

Ainsi, pour le cas des sociétés de transport public à Brazzaville, l'Etat, et donc son administration, trouvaient dans sa subordination à la classe dominante l'expression de ses fonctions et de ses structures.

---

[29] MARX (Karl) : Idéologie allemande – Editions Sociales – Paris 1964.

Une bureaucratie, née de la confusion Etat, administration et syndicat, a pris les caractères institutionnels nécessaires à la garantie de la domination de la classe dirigeante.

Dans cette forme d'organisation, la hiérarchie administrative a rempli une fonction sociale : enchaînement du personnel de ces sociétés de transport au service de l'Etat devenant du coup les instruments du capital et de la bourgeoisie.

Le monopole, qui est une forme de centralisation, est devenu aux mains des pouvoirs publics une arme contre la liberté, servant à écraser les aspirations des populations et de l'initiative privée.

L'intrusion de la politique dans l'administration des sociétés de transport public s'est faite à travers les nominations « politiques ». *« Il n'était pas rare*, affirme un rapport de la Direction générale de l'Administration Routière, *que les nominations à la direction des sociétés des transports publics soient faites en considération de l'allégeance au gouvernement en place ou à l'appartenance au Comité Central du parti Congolais du travail »*[30]. Ce même rapport ajoute que *« ces désignations intervenaient souvent afin d'obtenir un assujettissement de l'Administration par l'intermédiaire de ses dirigeants »*. Mais en 1986, les difficultés de l'Etat, dues à la chute des revenus pétroliers et à l'exécution du programme d'ajustement structurel, ont équilibré et neutralisé les forces dominantes. Au cours de cette période, l'autonomie d'Etat a été reposée, laissant la place à une forte revendication populaire et à une libéralisation de tous les secteurs de la société.

C'est dans ces conditions structurelles et contextuelles, que les transports privés collectifs ont vu le jour. Qui sont les propriétaires de ces nouveaux moyens de transport (bus, minibus appelés « foula-foula » et taxis collectifs appelés « cent-cent » ? D'où vient ce capital considérable mobilisé en peu de temps ?

Dans le cadre de ce travail, il sera difficile de répondre à ces interrogations. Cependant, nous pouvons nous livrer à quelques

---

[30] Direction Générale de l'Administration Routière : Rapport annuel 1990 – DIGAR / MI – Brazzaville, 1990.

hypothèses : il est probable que des personnes proches du pouvoir ou d'anciens dignitaires du parti unique (le Parti Congolais du Travail) constituent une bonne part des propriétaires effectifs.

## L'OFFRE DE TRANSPORT PAR LES OPÉRATEURS PRIVÉS

### Le contenu du concept de secteur informel

Dans la plupart des pays africains, les activités économiques sont en grand nombre entreprises par les particuliers (personnes privées) ou des petites entreprises dont on ne fait généralement pas état dans les statistiques officielles. D'après diverses estimations, ces activités occupent entre 40 et 60% de la main- d'œuvre urbaine, représentant de la valeur ajoutée[31].

Les modes d'organisation varient : la plupart des entreprises n'emploient qu'une seule personne, ou deux. Quelques-unes emploient des membres de famille, un petit nombre d'entre elles louent la main-d'œuvre extérieure. Ces entreprises s'occupent de toute une gamme d'activités économiques : commerce de détail, construction, travail du bois et des métaux, réparations électriques et mécaniques, transport, et autres. Leur mode de production repose essentiellement sur l'utilisation d'une très forte main-d'œuvre.

Toutes ces activités se déroulent non pas dans le secteur formel qui, lui, est « structuré et « réglementé » par l'Etat, mais plutôt dans celui qu'on appelle maintenant « secteur informel » ou « secteur non structuré ». L'expression est née il y a une trentaine d'années, à la suite d'une mission faite par le Bureau International du Travail et financée par le programme des Nations Unies pour le développement, sur la stratégie de l'emploi, au Kenya en 1972.

Mais ces activités ont existé bien avant cette date dans les pays africains, et dans d'autres pays en voie de développement.

---

[31] Revue Internationale du Travail, volume 116, n°3 – Année 1977 (pp. 108-355).

Le terme « secteur informel » ou « secteur non structuré » est devenu très courant dans la littérature spécialisée consacrée à la politique du développement en général et de l'emploi en particulier.

Le secteur informel n'est en effet rien d'autre que la concrétisation du désir de tous les êtres humains : vivre ou survivre. De nombreuses personnes abandonnent la terre aujourd'hui pour la ville et un emploi urbain, et sont obligées de se débrouiller. Elles sont douées pour réparer les chaussures, les moteurs, pour sculpter, ou pour conduire un véhicule de transport collectif (après avoir hâtivement passé un permis de conduire). Elles construisent elles-mêmes leurs locaux de fortune, leurs activités contrastent avec celles du secteur économique urbain moderne : elles se singularisent et leur domaine d'activité a reçu un nom spécial, le secteur informel ou encore secteur non structuré.

Un grand nombre d'études sur l'étendue et les opérations du secteur informel en Afrique en général, et au Congo en particulier, ont été réalisées par des chercheurs individuels, des institutions et des organisations internationales dont le Bureau International du Travail. Ces études contiennent des informations et des propositions utiles.

L'intérêt accordé au secteur informel au cours de la décennie écoulée a modifié de façon considérable l'idée qu'on s'en faisait. Méprisé par les gouvernements en raison du caractère arriéré de ses structures, ignoré par les chercheurs en sciences sociales, par omission ou par manque d'intérêt, le secteur informel fait aujourd'hui, malgré tout, l'objet d'une attention épisodique de la part de certains dirigeants.

Ces chercheurs ont réalisé un certain nombre d'études sur la taille, la nature du secteur informel, ainsi que sur son rôle dans le développement.

Mais la notion de secteur sous-tend l'existence d'éléments homogènes bien rangés.

Cependant, la diversité des activités dans ce domaine est assez connue. Généralement, le terme informel renvoie à une réalité souvent chaotique vouée à la disparition. Or, la place qu'occupe ce secteur dans l'économie des pays africains est plus importante que l'idée qu'on s'en fait.

Pour mieux appréhender ce concept, il serait judicieux de parler en termes de rapports sociaux et de formes d'organisation. Selon le Bureau International du Travail[32], le secteur informel se définit à travers sept caractères suivants :

1) Facilité d'entrée,
2) Recours aux ressources locales,
3) Propriété familiale des entreprises,
4) Technique à forte intensité de main-d'œuvre,
5) Qualification acquise en dehors du système scolaire,
6) Marché échappant à toute réglementation.

HUGON P. retient les mêmes critères et définit pour sa part le secteur informel comme étant un ensemble des *« activités à petite échelle où le salariat est très limité, où le capital avancé est faible, mais où néanmoins, il y a circulation monétaire, vente des biens et services onéreux »*[33].

A la lumière de ces deux définitions, le caractère informel du système de transport collectif privé en vigueur à Brazzaville transparaît, selon la Direction Générale de l'Administration Routière, à travers deux éléments : *« une gestion sommaire et une inorganisation du système »*[34].

Le fonctionnement actuel des « foula-foula » et des taxis « cent - cent » laisse croire effectivement que le système des transports collectifs privés en vigueur à Brazzaville obéit à certaines caractéristiques énoncées par le Bureau International du Travail:

---

[32] Revue Internationale du Travail, volume 116, n°3 – Année 1977, p. 103.
[33] HUGON (P) et DEBLE (I) : Vivre et survivre dans les villes africaines. IEDES. Collection Tiers-monde – PUF, 1982.
[34] Direction Générale de l'Administration Routière : Analyse critique de l'organisation des transports à Brazzaville – AGECO/FAC Brazzaville, 1991.

- Facilité d'entrée,
- recours aux ressources locales,
- propriété familiale des entreprises,
- échelle réduite de production,
- qualification acquise en dehors du système scolaire.

L'apparition des nouveaux moyens de transport collectif à Brazzaville peut être appréhendée comme étant la manifestation d'une expression sociale engendrée par les contraintes de la vie urbaine auxquelles sont soumis les individus. Georges BALANDIER, dans une tentative de compréhension de l'origine des pratiques sociales, relève que *« des contraintes de la vie urbaine ont poussé les populations à créer certaines pratiques sociales et des formes nouvelles de rapports sociaux, adaptés aux seules conditions de la ville »*[35].

La description de la ville à travers les transports collectifs paraît moins raisonnable certes, mais les auteurs qui se sont penchés sur cette question au Congo, c'est le cas de Xavier GODARD et de Joseph KAMA, ne s'encombrent pas de souligner que *« les transports collectifs privés assurent une fonction de régulation sociale »*[36].

Par régulation sociale, nous entendons simplement l'ensemble des moyens qui permettent à un système de ne pas exploser sous le poids de ses contradictions.

Comprendre la ville à travers les transports en commun chez X. GODARD et J. KAMA devient donc une nouvelle problématique pour saisir le climat social d'un espace qui génère antagonisme et compétition entre acteurs en luttes diverses contre des réalités urbaines jugées éprouvantes.

---

[35] BALANDIER (Georges) : « Sociologie des Brazzavilles Noires » – Edition Armand Colin, Paris, 1954.
[36] GODARD (X) et KAMA (J) : Le système de transport informel à Brazzaville – Etude publique par l'ORSTOM – Brazzaville, 1991.

Les transports constituent le point de cristallisation des rapports sociaux. Ils expriment des rapports de pouvoir entre groupes en présence concernés par la gestion de la ville. Ils révèlent toute la dialectique du social et paraissent gérer les inégalités socio-économiques entre individus.

### Place du secteur informel dans la création des emplois

Les activités du secteur informel ont créé plusieurs emplois au Congo, surtout entre 1986 et maintenant, période où l'Etat a permis aux citoyens d'entreprendre des initiatives personnelles. Mais la difficulté pour les économies de pouvoir les classer dans la comptabilité nationale leur ont valu plusieurs critiques.

Certains économistes les qualifient *« d'aberration (défaut) provisoire d'un système cohérent »*[37] alors que depuis près de 60 ans d'urbanisation, les sans-emplois et les « indépendants » regroupent près de 40 à 60% de la population active potentielle[38].

La répartition géographique des emplois dans le secteur informel se fait au profit des zones rurales en 1974, soit 62,4% contre 13,4% (ville). Mais, aidée par l'exode rural, cette situation s'est retournée au profit des centres urbains, notamment Brazzaville, qui entre 1974 et 1984 a connu un essor important de la création des emplois dans le secteur informel, soit 80,5% contre 19,5% dans les zones rurales.

Le secteur informel peut être perçu comme étant un créateur permanent d'emplois à Brazzaville, notamment avec la persistance de la crise économique internationale, accentuée par la dévaluation du franc CFA (communauté financière africaine).

Ce secteur paraît plus stable que le grand secteur moderne parce que moins soumis aux vicissitudes de la conjoncture économique mondiale, c'est le cas des transports collectifs privés à Brazzaville.

---

[37] Collectif : « Villes africaines au microscope », cahiers d'études africaines, 81-83, XXI, Paris. EHESS, 1982.

[38] BATINA (Célestin) : L'apprentissage dans le secteur informel à Brazzaville : cas des soudeurs. Mémoire – Cycle supérieur – ENAM – Brazzaville 1989.

### Contribution du secteur informel dans le Produit Intérieur Brut

Dans une étude non publiée du Ministère de Plan, des Finances et de l'Economie, réalisée en 1986, il ressort qu'entre 1982 et 1986, le taux d'accroissement de la production du secteur informel est de 1,21 par an.

Mais cette période est marquée par deux phases importantes : une première phase, entre 1982 et 1984, où l'on note une production significative, soit 40,89% du secteur informel et une seconde phase, cette fois moins importante, pour la production de ce secteur, à cause de l'augmentation des activités du secteur moderne imputable à l'exécution du plan quinquennal.

Finalement, on assiste au schéma suivant : quand la production du secteur informel augmente, celle du secteur moderne diminue et vice-versa. Cependant, avec la mise en application des mesures d'austérité de la Banque Mondiale, depuis 1986, nous pouvons affirmer sans risque de nous tromper que la contribution du secteur informel a atteint des proportions considérables.

**Tableau 2** : *Contribution du secteur informel au Produit Intérieur brut national de 2002 à 2006 (en millions de F.CFA).*

| ANNEE | SECTEUR INFORMEL | PIB | % |
|---|---|---|---|
| 2002 | 412.870 | 710.028 | 30 |
| 2003 | 425.838 | 799.245 | 28 |
| 2004 | 520.627 | 958.509 | 54 |
| 2005 | 584.443 | 970.850 | 29 |
| 2006 | 678.004 | 640.407 | 43 |

**Source** : *Ministère du Plan, des Finances et de l'Economie, statistiques tirées des données non publiées - 2006.*

## Origine et évolution du secteur informel au Congo

Comme le souligne Sylvain LOUDI dans son mémoire, *« une controverse doctrinale s'est instaurée quant à la précision sur l'apparition du secteur informel au Congo »*[39].

Les causes qui ont permis l'émergence de ce secteur sont multiples, mais elles ne font pas apparaître la période précise de cette éclosion. Néanmoins, de nombreux auteurs estiment que ce secteur est une survivance des activités traditionnelles. La liste de ces activités est très longue. A titre d'exemple, nous pouvons citer les métiers de l'artisanat de fabrication comme le tisserand, le forgeron, le sculpteur, le vannier, qui sont issus de l'Afrique traditionnelle. C'est une transplantation des activités de l'économie traditionnelle au système économique moderne. D'autres, par contre, n'attribuent-ils pas l'apparition du secteur informel à l'instauration de l'économie coloniale à travers la production moderne capitaliste ?

Avant la pénétration coloniale, il existait un système de production qualifié d'économie de subsistance. Les techniques utilisées étaient simples d'autant plus que chaque membre de la société pouvait participer aux travaux de production. A ce sujet,

[39] LOUDI (Sylvain) : « Le secteur informel devant la législation du travail » - Mémoire cycle supérieur. Ecole Nationale d'Administration et de Magistrature – Université Marien NGOUABI – Brazzaville, 1984.

SAHLENS note que : *« la société primitive est une société d'abondance et de surproduction car c'est une société où les personnes ne connaissaient pas encore les problèmes de famine (...) ; il y a autosuffisance »*[40].

Les sociétés traditionnelles en Afrique en général, au Congo en particulier, furent des sociétés bien organisées sur le plan de la survie de l'espace. A l'instar de l'agriculture qui était considérée comme la priorité des priorités, les femmes dans les villages organisaient quotidiennement des parties de pêche, et les hommes, des parties de chasse. Jamais les paisibles populations de cette société n'avaient connu la famine.

Dans les villages, les femmes, les hommes, et même les enfants, se mettaient résolument au travail pour la survie du groupe.

Mais les douloureux évènements comme le portage, l'esclavage, et tout récemment encore, la pénétration coloniale, avec les travaux forcés en Afrique, et notamment au Congo, avaient considérablement modifié le climat dans lequel évoluait la société traditionnelle.

En effet, les évènements dont nous venons de parler plus haut ont été à l'origine de l'introduction du travail salarié en Afrique en général, et au Congo en particulier. Ainsi de nombreux centres urbains s'étaient formés et avaient pris des proportions plus grandes au détriment des villages et des campagnes. Au fil des années, ce nouveau système se renforça à travers des étapes importantes : pendant les firmes concessionnaires, pendant les grands travaux de la construction du chemin de fer Congo - Océan (reliant Brazzaville et Pointe-Noire) et du port de Pointe-Noire.

Déjà quelque temps avant l'indépendance, on assiste à la naissance et à l'implantation de quelques entreprises dans de nombreux secteurs. De même, dans le cadre du FIDES, de nombreuses réalisations voient le jour. C'est le cas de la construction des entreprises comme : barrage hydroélectrique du Djoué, la Société Industrielle et Agricole du Tabac Tropical

[40] SAHLENS (M) cité par S. LOUDI dans son mémoire de l'ENAM.

(SIAT), et de la Bralima. Toutes ces entreprises, comme le dit Bertrand HUGUES, absorbent une main-d'œuvre considérable[41].

En outre, pour bien asseoir sa domination, l'administration coloniale met en place de nombreuses structures permettant aux colonisateurs d'assurer les fonctions éducatives, sanitaires, agricoles, administratives, nécessaires pour l'exploitation de la colonie.

Brazzaville, ainsi façonnée par l'administration coloniale, verra sa population croître massivement. Cette population qui n'était que de 50.000 habitants en 1954 passera à 100.000 en 1958. Cet accroissement de la population était dû à un important mouvement migratoire des ruraux.

En effet, attirées par le goût du travail salarié, de nombreuses personnes quittaient leur village pour la ville, à la recherche de quelques revenus. Le marché de l'emploi, n'ayant pas évolué au rythme de l'exode, n'avait malheureusement pas répondu d'une manière favorable à cette forte demande.

Après l'indépendance, les pouvoirs publics qui ont été créés n'ont pas résolu ce problème puisque au lieu de refaire et de reformer le mode de production colonial, ils ne l'ont que reconsidéré. Et pourtant, l'immigration des ruraux et l'accroissement naturel de la population ne font que s'intensifier. De 100.000 habitants que comptait Brazzaville en 1958, cette population a atteint 128.000 habitants en 1961.

Pire encore, la fermeture de certains chantiers de construction, comme le barrage hydroélectrique du Djoué, a occasionné le licenciement de plusieurs ouvriers et créé la restriction du marché de l'emploi.

Cette situation a failli connaître une amélioration significative dans la décennie des années 80 et 90, avec la création, mieux la cohabitation, de quatre secteurs, à savoir : le secteur d'Etat, le

---

[41] HUGUES (Bertrand) : « Les conditions de survie en milieu urbain » in revue africaine de sociologie du 18 février 1989 n°XII, p.14.

secteur mixte, le secteur privé national et le secteur étranger. Malheureusement, cette coexistence n'a rien changé. En effet, devant une urbanisation très poussée de nos villes et devant une main-d'œuvre abondante en quête d'un emploi, ces structures économiques ne répondent pas.

La charte d'Athènes affirme que les clefs de l'urbanisme résident dans quatre fonctions : habiter, travailler, se récréer, circuler. Le tout devant être rationnellement et harmonieusement organisé. Satisfaire ces besoins implique la mise en œuvre d'une politique socio-économique prenant en compte tous les problèmes qu'engendre une urbanisation très poussée, notamment ceux relatifs au logement, à l'éducation, à la santé, à la sécurité des citoyens et de leurs biens, à la communication, au travail, à la nourriture, à la famille et au déplacement des personnes.

Si le secteur formel a résolu certains de ces problèmes, beaucoup d'autres n'ont trouvé de solution que d'une manière partielle. C'est le cas des transports collectifs à Brazzaville. C'est dans le secteur informel que ceux-ci paraissent trouver des solutions.

A travers l'organisation actuelle des transports collectifs privés, nous voudrions saisir et apprécier l'impact des activités du secteur informel dans la dynamique urbaine à Brazzaville.

## Essai d'interprétation sociologique du concept secteur informel

Tout au long de cette étude, nous avons constaté qu'aucune définition n'a fait l'unanimité des chercheurs qui se sont penchés sur la question du secteur informel. Mais, inspirés par toutes les tentatives de définition, nous avons repéré des lignes forces qui le caractérisent : solidarité autour d'une activité productive entre les membres d'une même famille, communication et échanges entre individus et entre différents groupes sociaux, prise de conscience et développement d'un esprit d'entreprise.

Si ces lignes forces ne suffisent pas à rendre totalement compte de ce concept, ces caractéristiques communes, cependant, montrent que le secteur informel contribue à la cohésion sociale. Il remet en cause, à travers ses activités, tous les pouvoirs inadaptés qui répondent mal aux besoins des individus et des groupes sociaux. Tout à la fois productrices de cohésion sociale et produit d'un véritable consensus social, les activités du secteur informel nous démontrent que la société congolaise n'est pas statique, mais qu'elle est en mutation permanente. Finalement, le secteur informel devient un ensemble d'activités qui permet à un individu ou un groupe d'individus de prendre en charge un besoin social ou un ensemble de besoins n'ayant pas trouvé de réponses satisfaisantes par ailleurs.

Cette interprétation sera complétée dans les pages qui vont suivre, après avoir fait la lecture du secteur informel à travers les transports collectifs privés à Brazzaville.

# Exploitation des transports collectifs dans le secteur informel

## L'exploitation des transports privés à Brazzaville

Brazzaville a connu une grande expansion démographique. Plusieurs zones d'habitation ont vu le jour. Pendant ce temps, les infrastructures n'ont pas du tout suivi le développement de la ville. C'est dans ces conditions, aussi difficiles, que les différents exploitants privés assurent l'offre de transport.

Il existe à ce jour, tout un éventail de formes d'entreprise de transport en commun à Brazzaville. Il s'agit :

a) Les taxis ordinaires ou à la course,
b) Les taxis collectifs ou taxis « cent-cent »,
c) Les bus et minibus encore appelés « foula-foula ».

## Les taxis ordinaires ou à la course

Historiquement, c'est la plus ancienne forme d'offre privée de transport en commun, ce type d'entreprise, tout artisanale, a connu son plein essor surtout au milieu des années 80. « Les immatriculations de taxis ont doublé entre 1982 et 1986 » souligne un rapport de la Direction Générale de l'Administration Routière[42]. Mais avec la déchéance de l'entreprise publique d'autobus et l'accroissement du nombre de foula-foula, on note désormais une baisse de l'activité des taxis due à la concurrence désormais très accrue des foula-foula. Une analyse plus approfondie de tous les aspects de cette activité permettra de découvrir les raisons de cette baisse. Le nombre de taxis (à la course et cent – cent) s'élève à 14.800 à Brazzaville.

---

[42] Direction Générale de l'Administration Routière : Rapport annuel 2007 – DIGAR.

## Le matériel roulant

La plupart des véhicules pour l'activité de taxi sont des voitures de marques japonaises en provenance de Belgique (Toyota, Nissan, Datsun, Mazda) et quelques marques françaises (Peugeot, Renault). Dans l'ensemble, ce sont des véhicules robustes et en assez bon état, car dans ce secteur, l'immobilisation du véhicule suite à des pannes a souvent des retombées assez graves. Les propriétaires, aussi bien que les chauffeurs, mettent un accent tout particulier sur l'entretien du véhicule.

## Le personnel

Les chauffeurs de taxi viennent d'horizons les plus divers. Il s'agit d'anciens chauffeurs routiers ou de conducteurs de véhicules d'entreprises diverses ayant perdu leur emploi. Et dans un sondage réalisé par le ministère du Plan auprès des chauffeurs de taxis et des minibus, il a été noté d'autres catégories de chauffeurs, constituées de jeunes sans emploi débarquant parfois de la campagne ou des pays limitrophes (R.D.Congo, Angola), qui se sont reconvertis dans cette activité après avoir passé l'examen de permis de conduire ou tout simplement après avoir hâtivement appris à conduire un véhicule[43].

Certains sont chauffeurs propriétaires, d'autres, par contre, sont des chauffeurs sous contrat avec le propriétaire. Tous les contrats résident sur le versement régulier d'une somme au propriétaire suivant des modalités définies lors de l'embauche du chauffeur. *« A ce niveau, soulignent MILANDOU (N) et MALANDA (J), existent deux alternatives : soit le chauffeur perçoit un salaire (20% de la recette générée), soit dans le cas du leasing-location, le chauffeur ne perçoit aucun salaire régulier, mais au terme du contrat, il devient propriétaire du véhicule ».*

---

[43] MILANDOU (Norbert) et MALANDA (Jacques) : Milieux professionnels des transports urbains – Mémoire maitrise ès-sciences économiques – FLSH – Brazzaville, 2002.

### Le fonctionnement

Le mode de fonctionnement pour le taxi est la course qui coûte entre 700F et 1500F CFA en fonction de la distance. Le mode d'exploitation est choisi indépendamment par chaque chauffeur. Ainsi, certains parquent au cours de la journée à des lieux « stratégiques » : aéroport, grands hôtels, gares routières et ferroviaires. D'autres roulent à la recherche du client. D'autres encore, les plus nombreux, combinent les deux systèmes : ils roulent en période de pointe et parquent en période creuse.

Le prix officiel de la course varie entre 700F CFA et 1500 F CFA en fonction de la distance. Cependant, il arrive que celui-ci soit négocié : sur une longue distance (traversée de deux quartiers), la nuit, ou une course vers l'aéroport. Dans les deux derniers cas, le prix varie à la hausse.

A cause de son confort, le taxi garde sa place de service de choix dans le système des transports collectifs urbains. Cependant, il connaît désormais une concurrence accrue des taxis « cent-cent » (collectif) et des foula-foula, et il reste encore un moyen de transport, malgré tout, au service des classes moyennes et aisées.

### LES TAXIS COLLECTIFS OU TAXIS « CENT - CENT »

Appelés « cent-cent » à cause du prix de 100F qui était payé à bord, avant la dévaluation (depuis le mois de janvier 1994, du fait de la dévaluation du franc CFA, la place à bord est taxée à 150F CFA. Mais l'appellation de taxi « cent-cent » est restée). Ces taxis sont différents des taxis ordinaires par le fait qu'ils fonctionnent sur le système de ramassage des clients sur un tronçon donné (la plupart du temps à la périphérie de la ville). Même si la composition du parc est identique à celle des taxis ordinaires évoqués plus haut, il faut noter ici une part plus importante de véhicules. L'état technique des véhicules laisse beaucoup plus à désirer, comme le relève un rapport de la Direction Générale de l'Administration Routière *« il s'agit pour la plupart (en dehors de la 504 familiale qui est importée spécialement pour cette activité), de véhicules ayant déjà fonctionné des années durant sous forme de taxi ordinaire, donc complètement amortis tant techniquement que financièrement »*[44].

Ces véhicules, pour une écrasante majorité, ne possèdent pas de pièces administratives. Ils sont donc obligés de circuler dans les quartiers périphériques où les contrôles policiers sont assez rares.

Dans tous les cas, les chauffeurs préfèrent « acheter une protection » auprès d'un ou des policiers moyennant un pourboire dérisoire, que de se lancer dans des formalités administratives fort onéreuses. Le choix de la périphérie serait sans doute lié au fait que les voies n'étant pas souvent bitumées dans ces zones, les autres types de transport ne s'y aventurent pas, cela laisse ainsi un marché assez important que ces taxis collectifs exploitent tant bien que mal à la satisfaction des populations de ces quartiers.

Les dispositions relatives au personnel et à sa rémunération sont identiques à celles des taxis ordinaires.

En dépit du non-paiement des pièces administratives et de l'état pas très bon des véhicules, les taxis « cent-cent » jouent un double rôle : économique et social.

Sur le plan économique, c'est l'expression de la classe démunie, installée dans des quartiers périphériques (ce sont les exclus de la société), ne disposant pas assez de moyens financiers pour s'acheter un moyen personnel de déplacement (voiture ou vélo) ou ne pouvant payer à chaque déplacement une course d'un taxi ordinaire. Bien qu'ils se soient imposés, les taxis « cent-cent » sont aujourd'hui perçus comme étant insignifiants. Ils sont une source de tension sociale et de contradictions permanentes entre les pouvoirs publics et les populations démunies.

Sur le plan social, les taxis « cent-cent » sont des moyens ultimes de recours des populations démunies ou habitant les quartiers périphériques, pour se rendre vers le centre (où est concentrée la quasi-totalité des structures culturelles, économiques,

---

[44] Direction Générale de l'Administration Routière : Rapport annul 2007 – DIGAR / M. Plan

sanitaires et éducatives). Ils jouent un rôle de régulation sociale, pour atténuer les revendications et l'explosion des basses couches sociales.

### LES BUS OU MINIBUS « FOULA-FOULA »

Foula-Foula vient de la langue « lingala » (Lingala : langue nationale parlée au Congo et au R.D.Congo), qui veut dire : rouler très vite. Dans ce cas, c'est un engin qui roule très vite.

La cessation d'activité des sociétés de transport public a favorisé une forte expansion de bus ou minibus (foula-foula). Sans disposer des statistiques fiables, nous pouvons affirmer qu'à ce jour, leur nombre s'est considérablement accru.

Les « foula-foula »[45] sont constitués de bus, disposant d'au plus, trente places (30 places), toutes assises, de marques japonaises pour la plupart (Nissan, Civilian, Toyota, Coaster, Mazda T3500), et de minibus, avec environ dix-sept places (17 places) toutes assises, de marques japonaises (Nissan, Urvan, Toyota Hiace, Mazda 2000 et autres). Il y a actuellement 2017 bus et mini-bus en circulation à Brazzaville.

Tous ces véhicules sont achetés neufs auprès de concessionnaires établis à Brazzaville ou des occasions importées de Belgique (de plus en plus). L'état technique des véhicules est généralement assez bon, malgré leur forte sollicitation, *« le véhicule circule pendant 15 heures dans la journée et souvent surchargé »*[46].

## Le personnel

Le personnel roulant est composé d'un chauffeur et d'un contrôleur. Le contrôleur joue un rôle primordial, car de son dynamisme dépend la recette journalière : il ne fait pas

---

[45] Foula-Foula : mot lingala désignant quelque chose qui roule vite. Dans la réalité sociologique congolaise, « Foula-Foula » veut dire : bus ou minibus de transports collectifs.

[46] Direction Générale de l'Administration Routière, 2001.

qu'encaisser la recette, c'est lui qui indique l'itinéraire à suivre aux clients qui attendent aux arrêts. C'est lui qui doit convaincre les clients de monter dans le minibus. Enfin, c'est lui qui donne au chauffeur le signal de s'arrêter ou de démarrer.

### Fonctionnement

La stratégie de fonctionnement des « foula-foula » varie suivant leur capacité et suivant la période de la journée :

a) Les foula-foula de grande capacité de type Toyota Coaster, Nissan Civilian opèrent sur des lignes fixes ayant pour origine le marché Total (gare routière très importante située dans la partie sud de la ville). Il s'agit notamment de lignes circulaires ayant comme origine et terminus le marché Total et passant par le boulevard, plateau des Quinze ans, Moungali, Poto-Poto et le Centre-ville, cette ligne est dénommée « circuit fermé ». Elle est longue de près de 12 km, souligne la DIGAR. Une seconde ligne passe par Loutassi, commune de Moungali, Poto-Poto et le centre-ville. Il s'agit également des lignes partant du marché Total vers Texaco Tsième ou vers Talangaï-Mikalou, longues respectivement de 7 à 10,5 km (confer carte de la desserte).

b) Les foula-foula de petite capacité, par contre, ne circulent pas sur des itinéraires fixes même s'ils n'empruntent pratiquement que les artères principales. Leur particularité est le nombre de ruptures de charge qui s'effectuent tous les sept ou huit kilomètres.

Les vitesses sont très élevées en raison de la grande maniabilité de ces véhicules et à cause de leur petit gabarit, mais aussi à cause de la course effrénée que se font les chauffeurs pour être les premiers aux arrêts afin de rafler tous les clients.

La plupart des minibus circulent sur les mêmes axes. Suivant les arrêts et la période de la journée, on peut compter cinq à dix véhicules à la minute. Vu l'importance des foula-foula à Brazzaville, certains (les plus confortables et qui sont en règle avec les services de police) circulent au centre de la ville. D'autres par contre, moins confortables et ne disposant pas toujours des pièces administratives requises, fonctionnent dans les quartiers périphériques, tout comme la plupart des taxis « cent-cent ».

Au terme de cette présentation, on peut se poser la question suivante : à qui appartiennent ces foula-foula, ces taxis-courses, et ces taxis « cent-cent » ?

La Direction Générale de l'Administration Routière répond : *« Les propriétaires des Foula-Foula et d'un grand nombre de taxis-courses (en bon état) sont pour la plupart des hauts fonctionnaires ou cadres politiques et administratifs du pays qui les font enregistrer au nom des parents »*[47].

A ce sujet, les points de vue sont diversifiés. Mais les informations ci-après permettent d'en savoir davantage. Dans une enquête réalisée à Brazzaville, auprès des propriétaires.

### MODALITÉ D'ACQUISITION DE VÉHICULES

Les modalités d'acquisition de véhicules sont diverses. Mais dans cette enquête, nous en avons décelé trois qui sont : crédit fournisseur, crédit bancaire, et ressources propres. Les véhicules achetés sont soit neufs, soit d'occasion. Examinons à présent les résultats de notre enquête à ce sujet.

**Tableau n°3 :** *Répartition des modalités d'acquisition de véhicules.*

| **Modalités d'Acquisition** | **Crédit Fournisseur** | **Crédit Bancaire** | **Ressources Propres** |
|---|---|---|---|
| ***Effectifs*** | 1 | 2 | 17 |
| *%* | 5% | 10% | 85% |

[47] Direction Générale de l'Administration Routière : Analyse critique de la desserte à Brazzaville – DIGAR / ORSTOM / Brazzaville, 2007.

**Tableau n°4** : *Répartition selon l'état de véhicules à l'achat*

| Etat du véhicule à l'achat | Occasion | Neuf |
|---|---|---|
| *Effectif* | 11 | 9 |
| *%* | 55 | 45 |

## Le crédit fournisseur

Le crédit fournisseur est une opération qui consiste à livrer une voiture à un client par un concessionnaire représentant une maison de construction de voiture. Le client devra donner une partie de l'argent sous forme d'avance et la somme restante est réglée suivant un délai précis mentionné lors de la conclusion du contrat par le fournisseur. Le montant restant peut être payé par tranche ou comptant. Ce crédit est encore appelé « crédit concessionnaire ».

Dans cette enquête, 5% des personnes enquêtées ont acquis leur véhicule grâce au crédit concessionnaire. Les autres transporteurs ont préféré d'autres modalités d'acquisition. Ce faible pourcentage s'explique par le manque de confiance des concessionnaires à l'égard des transporteurs. La méfiance des concessionnaires aujourd'hui s'explique par le non-respect des clauses mentionnées dans le contrat.

## Le crédit bancaire

Le crédit bancaire est un financement que l'on reçoit de la banque pour l'acquisition d'un véhicule à mettre en exploitation. Ce financement ou ce prêt est remboursable dans un délai que fixe la banque suivant le montant du crédit. 10% des personnes interrogées ont bénéficié d'un concours de la banque pour l'achat des véhicules. Ce que nous pouvons signaler ici est que les crédits bancaires deviennent difficiles. Les demandeurs n'en reçoivent pratiquement plus. Le secteur des transports souffre d'une discrimination par les banques. Les banques préfèrent financer les activités de certains secteurs comme l'agriculture, le commerce, l'industrie et autres.

Pourtant, les transports urbains sont devenus un facteur déterminant de l'organisation de la cité. Ils contribuent énormément à l'amélioration de la productivité et à la lutte contre la pauvreté.

### Les ressources propres

Sur l'ensemble des personnes interrogées, 85% ont acheté leurs véhicules par leurs propres ressources. Ce résultat s'explique par l'absence d'une politique d'octroi de crédits. Les transporteurs sont obligés d'accumuler d'importantes sommes d'argent pour s'acheter un véhicule.

Nous avons également constaté que l'achat des véhicules en occasion l'emporte sur celui des véhicules neufs : soit 55% des achats d'occasion contre 45% des véhicules neufs.

Si on interrogeait sur l'origine des ressources financières qui ont permis à plusieurs personnes d'acquérir un bus, un minibus, ou un taxi, il est difficile dans le cadre de cette étude de donner une réponse exacte.

85% de l'échantillon interrogé affirment avoir acheté les foula-foula ou taxis par leurs propres ressources, 10% par crédit bancaire et 5% par crédit fournisseur. Ces résultats peuvent s'expliquer par le fait de l'absence d'une politique d'octroi de crédits au Congo depuis l'application par les pouvoirs publics d'un programme d'ajustement structurel en 1986. Mais d'où provient tout cet argent investi dans ce secteur ?

# Statut et organisation générale des transports collectifs privés à Brazzaville

## STATUT DES TRANSPORTEURS.

Les résultats de l'enquête montrent que les transporteurs (propriétaires) sont majoritairement de sexe masculin, et qu'ils ont un âge compris entre 25 et 55 ans (il n'est cependant pas rare de rencontrer des transporteurs femmes) dans ce système. On peut y trouver des transporteurs ayant un âge avancé, probablement parce qu'ils ne se considèrent pas comme des travailleurs du système moderne qui bénéficient d'une retraite à un certain âge. Certains, bien que très vieux, assument leur tâche jusqu'à la mort, c'est le cas d'un des employeurs enquêtés qui affirme que *« mon patron, à qui je rends un vibrant hommage, ne faisait confiance à personne jusqu'à la fin de ses jours. Malgré son âge avancé, il était le gestionnaire et le maître absolu de ses deux taxis et de ses deux minibus ».*

**Tableau n°5** : *Répartition des transporteurs selon le groupe d'âge.*

| **Groupe d'âge** | **Effectifs** | **%** |
|---|---|---|
| 25-30 | 2 | 13,33 |
| 30-35 | 4 | 26,66 |
| 35-40 | 3 | 20,00 |
| 40-45 | 3 | 20,00 |
| 45-50 | 1 | 6,66 |
| 50-55 | 2 | 13,33 |
| **Total** | **15** | **100,00** |

Les conséquences négatives, qui résultent du vide juridique qui caractérise le système de transport collectif à Brazzaville, n'ont pas permis aux transporteurs d'exercer efficacement leur activité.

## Le statut du commerçant transporteur

Ce statut est acquis dès qu'on est enregistré au Ministère de Commerce et qu'on a reçu l'autorisation d'exercer le transport des personnes. A l'issue de ces formalités administratives, le commerçant transporteur bénéficie d'un statut particulier. Pour rendre leur action efficace, les transporteurs sont organisés en association.

## L'association des transporteurs

Il convient de rappeler qu'une association est une organisation ou un groupement de personnes qui ont les mêmes convictions politiques, sociales et économiques, et se fixent les mêmes objectifs.

L'association des transporteurs est enregistrée au Ministère de l'Intérieur du Congo sous le numéro 3784/ACT/1989.

Elle intervient souvent pour régler les conflits entre autorités municipales et transporteurs. Elle étend son action, également, au niveau des familles pour régler certains problèmes sociaux, notamment en cas de décès d'un membre de la famille. Dans ce genre de cas, l'association prend en charge les frais d'inhumation.

Nous avons noté que 80% des personnes interrogées sont membres de ladite association et 20% ne le sont pas du fait de la sous-information. *« Je n'ai jamais été contacté par le comité directeur de l'association »*, nous a affirmé un enquêté. Parmi ceux qui n'appartiennent pas à l'association, certains pensent que celle-ci est inefficace dans les actions qui lui sont dévolues.

## L'organisation générale des commerçants transporteurs

Les transporteurs organisent seuls leurs activités, avec parfois l'appui de leurs épouses et de certains membres de la famille. Les épouses assurent souvent l'intérim de leur mari en cas d'absence.

Les autres membres de la famille veillent à l'entretien du véhicule, et assurent parfois la fonction de contrôleur en cas d'empêchement, de congé, de maladie ou d'absence du contrôleur titulaire.

Généralement, comme il n'existe pas de texte codifiant les pouvoirs du patron dans l'exercice de ses fonctions, les propriétaires, selon leur humeur, peuvent à n'importe quel moment révoquer ou embaucher les employés de leur choix.

### L'ORGANISATION GÉNÉRALE DES TRANSPORTS COLLECTIFS PRIVÉS

Dans les milieux professionnels de transports urbains, on trouve quatre types d'acteurs : les propriétaires des moyens de production, les chauffeurs, les contrôleurs et les chargeurs. Chacun de ces acteurs appartient à une catégorie socioprofessionnelle donnée.

Dans une profession, un statut peut être défini par un ensemble de textes fixant les garanties fondamentales accordées au personnel évoluant dans un secteur d'activité de l'économie.

Les propriétaires des moyens de production (véhicules de transport) ont un statut de commerçant-transporteur et les trois autres acteurs (chauffeurs, contrôleurs et chargeurs) sont des employés dans le secteur informel des transports urbains.

Il existe dans ce secteur d'activité une association dont font partie tous les commerçants-transporteurs et un syndicat des chauffeurs et contrôleurs. Les chargeurs n'appartiennent ni à une association, ni à un syndicat à cause de leur désorganisation ou non-organisation.

Le chapitre qui suit présentera l'organisation de chaque catégorie professionnelle qui intervient dans le système : les transporteurs, les chauffeurs, les contrôleurs et les chargeurs.

### LES TRANSPORTEURS URBAINS À BRAZZAVILLE

Les transporteurs sont les propriétaires des véhicules assurant le transport des usagers dans la ville de Brazzaville. Qui sont ces propriétaires et d'où vient ce capital considérable mobilisé ? On ne peut répondre à ces questions que sur la base d'une observation scientifique.

*« Les propriétaires sont, pour la plupart, des hauts fonctionnaires ou cadres politiques et administratifs du pays. Ils font enregistrer leur bus au nom des parents »*[48].

A cause de l'absence d'un texte juridique qui réglementerait le travail dans ce secteur, les transporteurs exercent leur pouvoir sans limite, c'est-à-dire qu'ils peuvent révoquer, ou embaucher les travailleurs selon leur convenance.

Le règlement intérieur n'existe pas. Or, compte tenu de son importance, chaque transporteur devrait en avoir, écrit sur un papier ou affiché à une place convenable. Il est le premier instrument par lequel le chef d'entreprise organise les conditions de vie et de la discipline dans l'entreprise.

Cette étude révèle que 100% de transporteurs enquêtés ne possèdent pas ce document. Ce constat a été observé également au niveau du syndicat des chauffeurs, des contrôleurs de taxis, bus et pousse-pousse (SCTB) et de l'association des transporteurs.

---

[48] Rapport de la Direction Générale de l'Administration Routière, année 2004 – Brazzaville.

### LES EMPLOYÉS DES TRANSPORTS URBAINS (CHAUFFEURS, CONTRÔLEURS ET CHARGEURS)

**Tableau n°6** : *Répartition des employés selon le groupe d'âge.*

| Groupe d'Age | Chauffeur | % | Contrôleur | % | Chargeur | % |
|---|---|---|---|---|---|---|
| 10-15 | --- | --- | --- | --- | 1 | 10 |
| 15-20 | --- | --- | 1 | 5 | 1 | 10 |
| 20-25 | 2 | 6,66 | 9 | 45 | 6 | 60 |
| 25-30 | 8 | 26,66 | 5 | 25 | 2 | 20 |
| 30-35 | 8 | 26,66 | 4 | 20 | --- | --- |
| 35-40 | 10 | 33,33 | 1 | 5 | --- | --- |
| 40-45 | 1 | 3,33 | --- | --- | --- | --- |
| 45-50 | --- | --- | --- | --- | --- | --- |
| 50-55 | --- | --- | --- | --- | --- | --- |
| 55-60 | 1 | 3,33 | --- | --- | --- | --- |
| **Total** | **30** | **100%** | **20** | **100%** | **10** | **100%** |

Les employés des transports urbains se regroupent en trois catégories :

Les chauffeurs, les contrôleurs et les chargeurs. Les chargeurs, c'est un groupe de personnes souvent très jeunes qui ne sont pas rémunérées par un transporteur. Ils sont établis au terminus de chaque ligne. Leur travail consiste à suppléer le contrôleur titulaire en indiquant l'itinéraire à parcourir et en incitant les clients à monter dans le véhicule pour lequel il est consigné. Sa tâche se termine une fois le véhicule parti. L'étude portait sur 10 (dix) chargeurs. Leur âge est compris entre 10 et 29 ans. Nombre d'entre eux vivent encore chez leurs parents. Ils sont déscolarisés et sont en quête d'un emploi. Ce travail est un passe-temps. D'autres sont des anciens contrôleurs qui ont perdu leur emploi et qui sont à la recherche d'une nouvelle sollicitation.

Les chauffeurs et les contrôleurs de cette étude ont des âges compris entre 18 et 35 ans pour les contrôleurs, et de 30 à 44 ans pour les chauffeurs, ce qui donne raison à Robert SILOU qui affirme que *« dans ces activités informelles, les âges des acteurs sont proportionnels au niveau de leur qualification »*[49]. Pour défendre leurs intérêts, les chauffeurs et les contrôleurs ont créé un syndicat.

**Le syndicat**

Comme les transporteurs, les chauffeurs et les contrôleurs sont, eux, membres d'un syndicat reconnu sous la dénomination « Syndicat des Chauffeurs, Contrôleurs de Taxis, Bus et Pousse-pousse (SCTBP) ».

Ce syndicat a comme objectif de régler les contentieux entre employeurs et employés. Il est enregistré au Ministère de l'Intérieur sous le numéro 4821/SCTBP/ 1989. C'est un groupe de pression qui se fixe comme objectif, entre autres, la défense des intérêts économiques communs.

Au cours de cette enquête, nous avons noté que 87% des chauffeurs sont membres de ce syndicat, 10% ne le sont pas parce qu'ils ignorent l'existence de celui-ci ou sont nouvellement arrivés à Brazzaville. Il y a 3% des personnes interrogées qui ne trouvent aucun intérêt à appartenir à un syndicat.

En outre, 50% des contrôleurs sont membres de ce syndicat et affirment y rester pour voir leurs intérêts bien défendus. Les 50% autres ne sont pas membres du SCTBP, 25% des contrôleurs interrogés travaillent pour leurs parents, donc n'accordent aucune importance à celui-ci, 20% déclarent n'être pas informés de l'existence d'un syndicat, et 5% travaillent dans ce secteur parce qu'étant en vacances (ils aident leurs parents). Dans ce dernier cas, il s'agit de personnes qui profitent des congés ou des vacances pour exercer cette fonction (ce sont souvent les élèves, étudiants ou autres).

---

[49] SILOU (Robert) : L'aménagement de l'emploi urbain au Congo : le cas du secteur informel à Brazzaville. Thèse de Doctorat 3ème cycle – Université de Bordeaux I – 1981, p.153.

### La formation

Les systèmes de formation dans le secteur des transports n'offrent pas toujours la formation souhaitée à cause de :

*Premièrement :* les qualifications auxquelles préparent les institutions spécialisées et la formation qu'elles dispensent ne sont pas souvent adaptées aux conditions socio-économiques actuelles.

*Deuxièmement :* un petit nombre seulement de ceux qui arrivent sur ce marché ont pu bénéficier d'une bonne qualification. La proportion étant encore plus faible parmi ceux qui ont déjà un travail.

*Troisièmement :* de fortes inégalités subsistent en ce qui concerne l'accès à la formation, notamment au détriment des classes sociales les plus démunies, qui préfèrent consulter leurs parents ou amis pour bénéficier d'une réduction de tarif.

Il sera question, dans ce chapitre, de présenter les différents établissements de formation qui existent, d'examiner leurs rôles, leurs objectifs, leurs moyens de formation et leur clientèle. Il sera également question de saisir les rapports qui existent entre le secteur formel et le secteur informel.

### Les établissements de formation

Il existe deux cadres de formation des chauffeurs à Brazzaville : le secteur formel constitué par les auto-écoles et le secteur informel. Examinons à présent comment s'organisent ces secteurs dans la formation des chauffeurs.

### Les auto-écoles

Nous avons recensé quinze auto-écoles à Brazzaville. Douze seulement sont reconnues officiellement par les autorités administratives. Les trois autres ont été nouvellement créées et n'ont donc pas encore été agréées par les autorités compétentes. Ces trois auto-écoles sont entrées en activité sans attendre l'agrément officiel. Elles travaillent donc dans l'illégalité.

**Comptage des auto-écoles** :

1. Auto-école Alain Prince
2. Auto-école Mersy
3. Auto-école Clément
4. Auto-école Vianney Lyse
5. Auto-école Véro Services
6. Auto-école Droxy
7. Auto-école Rayma
8. Auto-école Le King
9. Auto-école Christ
10. Auto-école Stann
11. Auto-école A.G.S
12. Auto-école Dialen
13. Auto-école La Grace
14. Auto-école Jackson
15. Auto-école A.E.D

## Rôle et objectifs

Les auto-écoles ont un rôle important dans la formation des chauffeurs. Elles visent comme objectif :

1. Donner une bonne formation aux élèves pendant une durée déterminée,
2. Permettre aux élèves de passer un examen, en fin de formation, pour obtenir un permis de conduire.

## Formation

Les auto-écoles, pour assurer la formation des élèves, disposent d'un parc de voitures et d'un personnel spécialisé (moniteurs) pour la formation des chauffeurs.

Si les auto-écoles récentes enquêtées ont à leur actif deux véhicules pour assurer la formation de leurs élèves, deux disposent chacune d'un véhicule et une autre en a trois.

Le nombre de moniteurs est proportionnel au nombre de véhicules disponibles. J'ai également noté un dispositif en matériel servant à soutenir l'enseignement pratique des élèves. On peut noter les locaux, les appareils de projection et autres.

### La clientèle

La clientèle des auto-écoles est essentiellement constituée de personnes provenant de tous les horizons (entreprises privées et publiques). L'insuffisance des ressources financières ne permet pas à tous les candidats d'accéder facilement à la formation dispensée par le système formel représenté par les auto-écoles. Sur l'ensemble des chauffeurs enquêtés, 13,33% ont reçu leur formation dans les auto-écoles. Voici comment se présentent les conditions d'inscription aux différentes auto-écoles.

**Tableau n°7** : *Présentation des conditions relatives aux inscriptions dans les auto-écoles.*

| **Auto-écoles** | **Montant d'inscription (CFA)** | **Dossier DIGAR** | **Carte Photo 4x4** | **Certificat Médical** | **Code Rousseau** | **TOTAL** |
|---|---|---|---|---|---|---|
| Alain Prince Mersy | 60.000 F | 30.000 F | 2.000 F | 6.000 F | 7.000 F | **105.000 F** |
| Clément Vianney | 65.000 F | 30.000 F | 2.000 F | 6.000 F | 7.000 F | **110.000 F** |
| Véro Serv. Droxy | 60.000 F | 30.000 F | 2.000 F | 6.000 F | 7.000 F | **105.000 F** |
| Rayma Le King | 60.000 F | 30.000 F | 2.000 F | 6.000 F | 7.000 F | **105.000 F** |
| Christ Stann | 60.000 F | 30.000 F | 2.000 F | 6.000 F | 7.000 F | **105.000 F** |
| A.G.S Dialen | 55.000 F | 30.000 F | 2.000 F | 6.000 F | 7.000 F | **100.000 F** |
| La Grace | 55.000 F | 30.000 F | 2.000 F | 6.000 F | 7.000 F | **100.000 F** |
| Jackson | 60.000 F | 30.000 F | 2.000 F | 6.000 F | 7.000 F | **105.000 F** |
| A.E.D | 60.000 F | 30.000 F | 2.000 F | 6.000 F | 7.000 F | **105.000 F** |

**Sources** : *Recherches personnelles. Informations recueillies auprès de chaque auto-école.*

Le client peut toutefois verser un acompte avant le début de sa formation, le reste pouvant être versé avant le huitième cours pratique. Le coût élevé pour accéder à la formation dans une auto-école fait que la clientèle est faible par rapport à celle qui recourt au secteur informel, c'est-à-dire aux parents, amis ou particuliers, du fait du coût réduit. L'enquête révèle que sur 13,33% des chauffeurs interrogés ayant été formés dans les auto-écoles, 10% sont salariés et 3,33% avaient reçu une aide financière des parents.

Que représente alors le secteur informel dans la formation des chauffeurs ?

### LE SECTEUR INFORMEL

En dehors de la formation officielle des chauffeurs, assurée par les auto-écoles, il existe une école parallèle qui échappe au contrôle des pouvoirs publics. Cette école jouit d'une forte audience à Brazzaville. Elle emploie comme moniteur un parent, un ami ou une tierce personne disposant d'un véhicule ou ayant à sa disposition un véhicule.

Il y a deux types d'agents auxquels les apprentis recourent pour une formation gratuite ou une formation à moindre coût. Il s'agit des parents et des particuliers (personnes n'ayant aucun lien de parenté avec les apprentis).

#### Les moyens de formation

Dans ce secteur, les formateurs ne disposent pas toujours d'un moyen privé. Il n'est donc pas rare de rencontrer des moniteurs qui utilisent les véhicules de leur employeur. Les moyens de formation sont limités et on ne saurait parler de structures organisées comme dans les auto-écoles.

#### La clientèle du secteur informel

La plupart des enquêtés interrogés ont été formés dans le secteur informel, soit un effectif représentant : 86,67%. 50% des chauffeurs ont appris à conduire par l'aide de leurs parents : père, mère, frère, cousin ou un autre membre de la famille (24,5% n'ont rien dépensé pour leur formation, cependant 25,5% ont été soumis aux exigences de la coutume ou de la tradition en versant au formateur une petite somme ou une dame-jeanne de vin rouge (en guise de remerciement).

26,67% ont reçu leur formation auprès de particuliers, c'est-à-dire de tierces personnes (souvent des connaissances, amis) qui ne font pas partie de la famille. Dans ce cas précis, les candidats ont été soumis à un contrat tacite d'apprentissage.

J'ai noté, par ailleurs, que 10% de la population enquêtée sont des autodidactes. Ils ont acquis la formation seuls, en observant, en assistant les professionnels, en glanant les informations utiles dans les médias, ou encore en tâtonnant.

**Tableau n° 8** : *Répartition des chauffeurs entre le secteur formel et informel.*

| **Chauffeur / Secteur** | **Effectif** | **%** |
|---|---|---|
| Auto-écoles | 6 | 13,33 |
| Secteur Informel | 39 | 86,67 |
| **Total** | **45** | **100%** |

**Source** : *Recherche personnelle, données de l'enquête sur le terrain.*

Au regard de ces chiffres, on peut dire que la formation dans le secteur informel prend la forme d'une institution traditionnelle enracinée dans les us et coutumes. Les modalités ou les conditions d'admission sont nettement plus favorables pour les apprentis que celles offertes par les auto-écoles. C'est certainement cette variante qui explique une adhésion massive des candidats dans le secteur informel.

### LA FORMATION OFFERTE

Les cours de conduite dans les auto-écoles durent deux semaines. Tout au long de cette période, le client bénéficie d'une formation accélérée et soutenue par un cours pratique de conduite à raison d'une heure ou d'une heure trente minutes par jour, suivant les écoles. Ce cours pratique se fait dans les artères de Brazzaville et dans les aires de jeu non couvertes, à l'exemple du stade « Primus », situé devant le stade Alphonse MASSAMBA-DEBAT.

Au cours de la période de formation, le client est également soumis à une série de cours théoriques portant sur le code de la route. Ces cours sont dispensés dans l'enceinte des bâtiments abritant l'auto-école, dans une salle souvent améliorée pour la circonstance. Ces cours durent une heure trente minutes, pendant trois jours par semaine. La particularité est que ces cours ont lieu de 18h à 19h30 minutes, dans toutes les auto-écoles de la place.

La formation offerte dans le secteur informel n'est pas bien structurée parce que ne disposant pas de structures. Les personnes consultées pour assurer cette tâche n'ont pas toujours d'heures fixes. Toutefois, ils profitent des heures de repos pour dispenser quelques notions des cours théoriques et pratiques.

La différence qui existe entre ces deux écoles, auto-école et « l'école de la rue », s'apprécie différemment selon les candidats. Généralement, les auto-écoles sont réputées dispenser une formation théorique soutenue et le secteur informel dispenserait une formation pratique meilleure. Ainsi, il n'est pas rare de voir un candidat inscrit dans une auto-école prendre des contacts avec une personne disposant d'un véhicule, en vue de compléter sa formation pratique. Il existe à ce niveau une complémentarité entre les deux secteurs.

De ce qui précède, quelle appréciation peut-on faire de la qualité de la formation offerte par ces deux secteurs ?

## La qualité de la formation

**<u>La qualité de la formation dépend</u> :**

a) Du matériel et de l'infrastructure,
b) De la qualité des formateurs,
c) Et des moyens financiers disponibles.

## Le matériel et les infrastructures

Les structures, au niveau des auto-écoles, ne posent pas trop de problèmes, car celles-ci disposent d'un équipement suffisant (véhicules, salles de cours et de projection de film vidéo sur la conduite).

Au niveau du secteur informel, par contre, il n'existe aucune structure nécessaire pour la formation des élèves.

Ces deux secteurs, pour les cours pratiques, utilisent le réseau routier de la ville de Brazzaville et les espaces vides, notamment les places publiques. Il y a donc une certaine disponibilité des infrastructures permettant aux formateurs d'accomplir leur travail sans incident.

Examinons à présent la qualité des formateurs.

## La qualité des formateurs

Les formateurs exerçant dans les auto-écoles ont pour la plupart été formés au cours d'un stage de formation de trente jours organisé chaque année (officiellement) par la Direction de l'Office National de l'Emploi et de la Main-d'œuvre (ONEMO). Ce stage est sanctionné par un diplôme conférant le grade de « moniteur » de la conduite. Mais les difficultés financières des instances précitées ne facilitent pas l'organisation des stages de recyclage de ces moniteurs. Ce qui donne souvent un coup dur à la formation des candidats. Les formateurs du secteur informel n'ont jamais bénéficié d'une formation spécifique.

## Les moyens financiers

Dans les auto-écoles, les ressources financières disponibles sont fonction du flux d'inscription des élèves. Pendant les périodes d'austérité financière, les responsables des auto-écoles renoncent parfois à utiliser certaines voitures à cause de la réduction des moyens financiers, ce qui réduit évidemment les frais de réparation et d'autres accessoires nécessaires.

### LES MODALITÉS D'ACQUISITION DU PERMIS DE CONDUIRE

Pour l'obtention d'un permis de conduire, le candidat se présente à un examen organisé par la Direction Générale de l'Administration Routière. Cette épreuve qui s'applique aussi bien aux candidats des auto-écoles qu'à ceux du secteur informel, comprend deux parties :

a) Une première partie portant sur la connaissance du Code de la route par le candidat (cette partie est théorique),

b) Une deuxième partie pratique où le candidat au cours d'une séance pratique et publique est tenu d'exécuter un certain nombre d'exercices à bord d'un véhicule pour juger sa capacité dans la maîtrise du volant.

Au cours de cette épreuve, le candidat est tenu de se munir d'un livre de Code de la route Rousseau. L'examen a souvent lieu deux fois dans le mois. En cas d'échec, le candidat a la possibilité de revenir quinze jours après, sur la partie de l'épreuve manquée pour une dernière chance. Et en cas d'un second échec, celui-ci ne pourra se représenter à l'examen qu'après une année, en constituant à nouveau un dossier.

Pour se présenter à cette épreuve, un dossier de candidature devra être fourni à la DIGAR. Ce dossier comprend :

a) Un extrait d'acte de naissance,
b) Une photocopie de la carte nationale d'identité,
c) Quatre photos format identité,
d) Un certificat médical,
e) Un casier judiciaire

f) Un certificat de nationalité

g) Une somme de 30.000 F CFA[50].

Malgré l'insuffisance des structures dans le secteur informel, la formation reçue n'est pas toujours de mauvaise qualité. A Brazzaville, un grand nombre de candidats à la conduite préfèrent recourir aux parents, amis ou à des connaissances pour être formés. Cette réalité, nous l'avons constatée à travers cette étude. La proportion des personnes qui sont formées par un parent est plus importante que celle des auto-écoles.

Ainsi, partant des données de cette enquête, on peut noter que les chauffeurs qui assurent le transport urbain à Brazzaville sont pour la plupart le fruit du secteur informel.

Les statistiques d'obtention de permis de conduire, de la période allant de 2003 à 2008, se présentent de la manière suivante :

**Tableau n° 9 :** Statistiques de permis de conduire à Brazzaville 2003-2008 : Candidats admis.

| **Catégorie Année** | **A** | **B** | **BC** | **C** | **CD** | **D** | **EF** | **Total** |
|---|---|---|---|---|---|---|---|---|
| **2003** | 03 | 740 | --- | 268 | --- | 251 | --- | 1.262 |
| **2004** | 08 | 1.074 | 31 | 32 | 315 | 55 | 1 | 1.516 |
| **2005** | 06 | 983 | 46 | 15 | 317 | 46 | 7 | 1.420 |
| **2006** | 08 | 966 | 92 | 13 | 262 | 46 | 4 | 1.391 |
| **2007** | 16 | 1.158 | 102 | 08 | 313 | 72 | 1 | 1.670 |
| **2008** | 15 | 1.387 | 98 | 35 | 386 | 83 | 14 | 2.018 |
| **Total** | **56** | **63.308** | **369** | **371** | **1.593** | **553** | **27** | **9.277** |

**Source :** *Rapport d'activité de fin d'année de la Direction Générale de l'Administration Routière (DIGAR).*

La DIGAR a été créée en 1986. Avant cette année, l'octroi du permis de conduire était placé sous la responsabilité du Ministère de l'Intérieur. La Direction Générale de l'Administration Routière

[50] DIGAR. Rapport annuel, année 2008.

ne dispose pas des statistiques sur les permis de conduire avant 1986. Aussi, il nous a été impossible d'accéder aux statistiques des années 1998 et 2002, ceci à cause de la lenteur administrative (les perturbations répétées causées par le climat politique n'ont pas épargné les services de la Direction Générale de l'Administration Routière).

Les différentes catégories de permis de conduire sont ainsi définies :

a) La catégorie « A » se rattache aux motocycles,

b) La catégorie « B » concerne les véhicules de moins de 10 places et d'un poids total autorisé en charge n'excédant pas 3.500 kg,

c) La catégorie « BC » regroupe les catégories « B et C »,

d) La catégorie « C » est celle des véhicules à marchandise de plus de 3.500 kg,

e) La catégorie « D » est celle des véhicules assurant le transport en commun,

f) La catégorie « CD » concerne les véhicules des catégories « BCD » attelés d'une remorque de plus de 7.500 kg.

Sur 9.277 permis de conduire qui ont été octroyés entre 2003 et 2008, près de 70,12% des permis ont pour auteurs le fruit du secteur informel et 29,88% sont les permis des candidats formés dans les auto-écoles.

Les catégories BC, C, CD et E (F) regroupent, pour les six années, les permis des chauffeurs qui ont été formés à 95% dans le secteur informel. Et pour les catégories B et D, cela représente 70,5% dans le secteur informel[51].

Cette situation peut s'expliquer par le fait que les candidats recourent souvent aux auto-écoles pour avoir une bonne formation, et pour bénéficier d'un peu plus de chance d'obtenir un permis de conduire par rapport à ceux du secteur informel (ceci grâce aux affinités des moniteurs avec les agents de la Direction Générale de l'Administration Routière).

---

[51] Rapport annuel (2008) de la Direction Générale de l'Administration Routière.

Une fois le permis obtenu, les chauffeurs ne retournent plus dans les auto-écoles pour accéder aux autres catégories. Ils préfèrent recourir aux services du secteur informel pour se préparer aux épreuves suivantes.

A Brazzaville, les chauffeurs des bus et minibus sont souvent formés dans le secteur informel.

Il existe au niveau de la formation une certaine complémentarité entre les deux secteurs. Quand un Etat est en crise financière et économique, il perd souvent son contrôle social sur les individus. Cette sorte de déviance sociale favorise l'apparition des pratiques sociales nouvelles. Pour réaffirmer son rôle, l'Etat intègre ces nouvelles pratiques dans le fonctionnement de la société globale, question de prévenir d'éventuelles revendications sociales.

Actuellement, Brazzaville offre le spectacle de deux écoles de formation opposées. D'une part, il y a les auto-écoles, recevant les prétendants ayant des moyens financiers suffisants (classe nantie), et d'autre part, le secteur informel qui reçoit souvent la population défavorisée (le plus grand nombre).

### LES CONDITIONS DE TRAVAIL

Les conditions de travail se résument comme étant la manière selon laquelle les employés d'une entreprise sont traités conformément à la législation sociale du travail. Ces conditions peuvent être saisies à travers l'analyse de la durée du travail, le repos et les congés des employés. Cela conduit naturellement à évoquer la couverture sociale.

### LA DURÉE, LE REPOS, LE CONGÉ ET LE CONTRAT INDIVIDUEL DU TRAVAIL

L'analyse succincte de ces concepts nous permettra de saisir la manière selon laquelle sont traités les chauffeurs et les contrôleurs des transports urbains à Brazzaville.

## La durée du temps de travail

L'article 105 du Code du travail dispose que la durée du travail ne peut excéder 40 heures par semaine pour tout travailleur évoluant aussi bien dans le système formel que dans le secteur informel. Dans les milieux professionnels du transport collectif urbain à Brazzaville, le rythme de travail semble ne pas obéir à cette disposition.

En effet, il ressort que les chauffeurs et les contrôleurs travaillent à plein temps pour la plupart :

De 6h à 21h30 (83,% de enquêtés) tous les jours ouvrables, sauf les dimanches ou un autre jour de la semaine, soit une journée de quinze heures de travail, et une semaine de travail de plus de 50 heures, ce qui est en dépassement avec la limite prévue.

## Le repos des travailleurs

Dans cette profession, le repos hebdomadaire est observé soit le dimanche par 54%, soit le lundi par 33% des chauffeurs et contrôleurs. D'autres enquêtés, soit 13%, observent des repos par le système de relève.

Cette dernière catégorie a été observée au niveau des travailleurs exerçant dans les véhicules de marque TOYOTA-COASTER, communément appelés « circuit fermé ou circuit central ».

## Les congés

L'article 13 du Code du travail sur les congés n'est toujours pas respecté. Cet article stipule que *« toute période égale à onze mois de travail donne droit à un mois de repos effectif »*[52].

L'observation du tableau ci-dessous nous donne l'importance que l'on accorde dans ce secteur : il s'agit d'une répartition par catégorie socioprofessionnelle des transporteurs.

---

[52] Article 13 du Code du Travail du 15/03/1975.

**Tableau n° 10** : *Répartition des congés.*

| **Durée de congés** *(en jour)* | **Chauffeurs** | | **Contrôleurs** | | **Propriétaires** | |
|---|---|---|---|---|---|---|
| | *Effectifs* | % | *Effectifs* | % | *Effectifs* | % |
| 0 | 26 | 86,6 | 17 | 85 | 11 | 73,33 |
| 1-30 | 3 | 10 | 3 | 15 | 3 | 20 |
| 31-60 | 1 | 3,4 | 0 | --- | 1 | 6,67 |
| **Total** | **30** | **100%** | **20** | **100 %** | **15** | **100 %** |

Dans cette profession, le travailleur ne peut obtenir un congé, quel que soit le nombre d'employés dont dispose l'employeur. Un congé renvoie simplement à une rupture de contrat de travail. Une fois accordé, le travailleur est obligé de signer un nouveau contrat avec un autre employeur.

Le tableau ci-dessus fait apparaître que 86,67% des chauffeurs et 85% des contrôleurs n'ont jamais bénéficié d'un congé depuis qu'ils travaillent (quel que soit le nombre d'années).

Du côté des propriétaires, il y a 73,33% qui ne bénéficient pas de congé malgré le fait qu'ils soient eux-mêmes propriétaires de l'activité.

Cependant, 10% des chauffeurs bénéficient de congés allant de 1 à 30 jours, 15% des contrôleurs bénéficient aussi de congés allant de 1 à 30 jours. De même, 20% des (transporteurs) propriétaires ont bénéficié d'un congé allant de 1 à 30 jours.

En outre, il y a 3,33% des chauffeurs qui ont déjà bénéficié d'un congé allant de 30 à 60 jours, et enfin 6,67% de propriétaires ont déjà bénéficié d'un congé allant de 31 à 60 jours.

Ceux qui ont eu la chance de bénéficier d'un congé, pour la plupart des cas, ont été rémunérés, quelle que soit la catégorie socioprofessionnelle à laquelle appartiennent les bénéficiaires.

## L'absence d'un contrat écrit

A la question « avez-vous signé des papiers ? », pour savoir si les employés disposaient d'un contrat de travail écrit, ils ont répondu :

**Tableau n° 11** : *Signature des papiers.*

| **Signature des papiers** | **Effectifs** | **%** |
|---|---|---|
| Non | 39 | 78 |
| Oui | 10 | 20 |
| SR | 1 | 2 |
| **Total** | **50** | **100%** |

Les chauffeurs et les contrôleurs reconnaissent que le contrat de travail n'est pas écrit : « ils ne signent pas les papiers ». Cependant, une assez grande partie (20%) relève l'existence des « papiers ».

Il s'agit des formalités administratives consignées dans un cahier (notamment l'identité du travailleur).

Dans cette profession les engagements des parties sont plus verbaux qu'écrit. Ces accords font office de contrat de travail.

## Les autres formes du contrat

L'initiative de contacter le propriétaire d'un véhicule de transport collectif peut partir aussi bien de soi-même (l'employé) que de ses parents ou de son tuteur. Ainsi, il ressort :

*Le recrutement direct :*

Dans ce cas précis, l'employé peut choisir ou être orienté par un parent ou un tuteur. Ici, la négociation est directe entre l'employé et l'employeur.

*Le recrutement indirect :*

Dans cette forme de recrutement c'est le tuteur, le parent ou même l'ami qui négocie avec le propriétaire d'un véhicule assurant le transport urbain, la possibilité du contrat de travail.

Quelle que soit la forme du contrat, l'engagement d'un employé n'est subordonné à aucune contrainte financière ou matérielle. L'absence d'un texte réglementaire dans le secteur du transport urbain expose les acteurs au risque de résiliation du contrat de travail, et au non-respect des règles de travail par les employeurs. Dans ce genre de cas, la rupture du contrat de travail peut intervenir à n'importe quel moment selon l'humeur du patron, sans versement, souvent, d'une indemnité compensatrice correspondante.

### LA COUVERTURE SOCIALE.

La couverture sociale n'est autre que la Sécurité sociale. Elle est destinée à garantir les travailleurs et leurs familles contre les risques de toute nature susceptibles de réduire ou à supprimer leur capacité de gain, à couvrir les charges de la maternité et les charges de famille qu'ils supportent.

Le financement de la Sécurité sociale est assuré par les cotisations versées par les employeurs et les salariés. Elles sont calculées en pourcentage par rapport aux salaires versés et reçus. Les résultats de cette étude en matière de couverture sociale sont consignés dans le tableau ci-dessous.

**Tableau n° 12** : *Répartition des acteurs versant une cotisation à la Sécurité sociale.*

| | **Chauffeurs** | | **Contrôleurs** | |
|---|---|---|---|---|
| | Effectifs | % | Effectifs | % |
| Oui | 4 | 13,33 | 1 | 5 |
| Non | 26 | 86,67 | 19 | 95 |
| Total | 30 | 100% | 20 | 100% |
| | **Propriétaires** | | **Chargeurs** | |
| | Effectifs | % | Effectifs | % |
| Oui | 8 | 53,33 | 0 | 0 |
| Non | 7 | 46,67 | 10 | 100 |
| Total | 15 | 100% | 10 | 100% |

Ce tableau nous permet de saisir la signalisation ou l'importance que les travailleurs du secteur informel accordent à la Sécurité sociale.

## L'Assurance sociale

Tout employeur est ici responsable de l'affiliation de son employé dans les huit jours qui suivent l'engagement. Les assurés sont affiliés à la Caisse primaire qui fait parvenir à son tour la carte d'immatriculation à l'intéressé (salarié) qui devra la conserver avec soin. L'employeur retient la cotisation ouvrière quand il paye le salarié, il ajoute la cotisation patronale et doit verser le tout à la caisse de recouvrement dont il dépend.

L'étude sur les transports révèle que 13,33% de chauffeurs salariés, 5% des contrôleurs salariés et 53,33% des propriétaires salariés dans le secteur des transports collectifs urbains versent régulièrement leurs cotisations à la Sécurité sociale.

Par contre, 86,67% de chauffeurs salariés, 95% de contrôleurs salariés, 46,67% des propriétaires salariés et de 100% des « chargeurs » non salariés, ne sont pas affiliés à la Sécurité sociale.

### MODALITÉS DE RÉMUNÉRATION

Les modalités de rémunération dans ce secteur n'obéissent à aucun texte juridique. Elles sont acceptées par les acteurs sans aucune difficulté malgré le coût élevé de la vie à Brazzaville et de leurs charges sociales.

Les acteurs sont rémunérés sur la base de deux critères : au pourcentage du chiffre d'affaires (20% pour les chauffeurs et 10% pour certains contrôleurs de minibus) à un montant fixe après négociation du contrat : c'est le cas des chauffeurs de bus (foula-foula) et de certains contrôleurs. Les salaires varient d'un acteur à un autre d'une même catégorie, comme l'indique l'analyse des différents tableaux ci-dessous.

## La rémunération des transporteurs

Les transporteurs conducteurs sont propriétaires de leur véhicule. Leur rémunération se fait sur la base d'un montant fixe).

Examinons dans le tableau suivant, la rémunération de cette catégorie d'acteurs.

**Tableau n° 13** : *Répartition des salaires des transporteurs par mois.*

| **Salaire fixe en Milliers de F CFA** | **Effectifs** | **%** |
|---|---|---|
| 50-100 | 5 | 33,33 |
| 100-150 | 7 | 46,67 |
| 150-200 | 2 | 13,33 |
| 200 et plus | 1 | 6,67 |
| **Total** | **15** | **100%** |

Les transporteurs qui perçoivent un salaire au moins égal à 200.000F CFA sont ceux qui possèdent quatre véhicules commerciaux. Ce cas concerne une seule personne (soit 6,67% de notre échantillon). Cette personne est un ancien étudiant diplômé de l'Institut Supérieur de Gestion (ISG). Son chiffre d'affaires serait de l'ordre de 12.480.000F CFA par mois, pour l'ensemble des quatre véhicules.

Il y a cependant sept transporteurs qui représentent 46,67% de l'effectif qui perçoivent un salaire compris entre 100.000 et 150.000F CFA. De cet effectif, il y a une personne (transporteur) qui est propriétaire de trois véhicules de marque Toyota Coaster. Ce transporteur est une ancienne étudiante de l'Ecole Nationale Supérieure (ENS). En dehors de cette fonction, elle est enseignante au collège. Ses recettes mensuelles s'élèvent à 2.100.000F CFA. Toujours dans les 46,67%, il y a un transporteur qui est propriétaire de deux véhicules. Le reste, c'est-à-dire les cinq autres transporteurs, disposent chacun d'un véhicule d'une capacité de 30 places de marque Toyota Coaster. 13,33% (soit deux transporteurs) perçoivent un salaire qui est compris entre 150.000 et 200.000F CFA. Ils sont propriétaires d'un véhicule de marque Nissan, minibus, chacun.

### La rémunération des chauffeurs

Les chauffeurs perçoivent une rémunération liée à l'effort fourni et suivant les clauses du contrat individuel ou collectif conclu avec son employeur. Le tableau ci-dessous montre les tendances des salaires que perçoivent les différents chauffeurs.

**Tableau n° 14** : *Répartition des salaires des chauffeurs par mois.*

| Salaire en milliers de F CFA | Effectifs | % |
|---|---|---|
| 20% du CAM | 15 | 50 |
| 40-50 | 1 | 3,33 |
| 50-60 | 1 | 3,33 |
| 60-70 | 2 | 6,67 |
| 70-80 | 4 | 13,3 |
| 80-90 | 3 | 3 |
| 90-100 | 1 | 13,71 |
| 100-110 | 1 | 3,33 |
| 110 et plus | 2 | 3,33 |
| **Total** | **30** | **100%** |

**CAM** : *Chiffre d'Affaires Mensuel.*

Pour un effectif de trente chauffeurs (30), il y en a 15 qui sont payés à 20% du chiffre d'affaires mensuel.

L'intervalle de salaire compris entre 40.000F CFA et moins de 70.000F CFA représente ici le niveau de salaire perçu par les chauffeurs conduisant les minibus « foula-foula ». Ils représentent 13,33% de la population étudiée.

Ensuite, 23,33% (13,33% et 10%) perçoivent un salaire qui est compris entre 70.000F CFA et 90.000F CFA exclus. Cette catégorie de chauffeurs travaille dans les bus Toyota Coaster ayant une capacité de trente (30) places.

La dernière catégorie des chauffeurs représente 13,33% de l'ensemble des chauffeurs enquêtés. Cet effectif, soit 4 chauffeurs, est constitué des chauffeurs-transporteurs, c'est-à-dire propriétaires. Ils se rémunèrent eux-mêmes.

Le salaire payé à chaque chauffeur est le résultat d'un accord au moment de la signature du contrat de travail entre les deux parties. Examinons à présent comment sont rémunérés les contrôleurs.

### La rémunération des contrôleurs

Le traitement accordé aux contrôleurs est résumé dans le tableau ci-dessous :

**Tableau n°15** : *Répartition des salaires des contrôleurs par mois.*

| **Salaires en milliers de F CFA** | **Effectifs** | **%** |
|---|---|---|
| 20-30 | 2 | 10 |
| 30-40 | 9 | 45 |
| 40-50 | 6 | 30 |
| 50-60 | 2 | 10 |
| 60-70 | 1 | 5 |
| **Total** | **20** | **100%** |

Sur 20 contrôleurs enquêtés, la plupart, c'est-à-dire 9 contrôleurs, perçoivent un salaire compris entre 30.000 et 40.000F CFA, et 6 contrôleurs perçoivent un salaire compris entre 40.000 et

50.000F CFA. Ces deux intervalles représentent un pourcentage de 75%, dont 45% pour le premier intervalle et 30% pour le second. Ces deux intervalles représentent les salaires perçus par les contrôleurs des minibus « foula-foula » ayant une capacité de seize (16) places.

10% perçoivent un salaire qui est compris entre 20.000 et 30.000F CFA. Ces contrôleurs sont ceux qui travaillent pour le compte de leurs parents (père, mère, frère, oncle...). Ils assurent le contrôle dans le minibus « foula-foula » de marque Hiace ou Nissan, dont la capacité est de 16 places.

10% et 5% des contrôleurs enquêtés perçoivent un salaire allant de 50.000 à 60.000F CFA pour les premiers et de 60.000 à 70.000F CFA pour les seconds. Ces contrôleurs travaillent dans les bus de marque Toyota Coaster et Mazda des lignes « circuit fermé » dont la capacité est de 30 places. C'est ici qu'on trouve plus de contrôleurs instruits du fait qu'ils sont pour la plupart des diplômés qui attendent une intégration à la fonction publique congolaise.

Le salaire des contrôleurs est fonction de la capacité du véhicule pour lequel chacun est embauché.

La dernière catégorie d'employés qu'il reste à examiner est celle des « chargeurs ». Comment sont-ils rémunérés ?

### La rémunération des « chargeurs »

Dans le système de transport collectif à Brazzaville, les chargeurs ne constituent pas une catégorie spécifique. Ils ne sont pas reconnus officiellement par les transporteurs. Leur rémunération est un signe de remerciement qu'ils perçoivent de la part des contrôleurs.

Théoriquement, le montant reçu correspond à l'intérim qu'ils assurent au terminus pour charger les minibus ou bus. Ce montant correspondant à la somme de 100F CFA, par bus et par chargement.

En fin de journée, certains chargeurs encaissent entre 1.500 et 2.000 F CFA, ce qui donne un montant de 45.000 ou 60.000F CFA aux chargeurs constants à la fin de chaque mois.

### Grille salariale proposée par la DIGAR et le syndicat

Pour tenter de reprendre la main et réguler le système de rémunération des employés dans ce secteur, les pouvoirs publics (Direction Générale de l'Administration Routière), en accord avec l'unique syndicat des transports, viennent de publier (août 2008) une circulaire relative à la grille salariale officielle.

**Chauffeur de taxi**

Recette journalière à verser au propriétaire : 15.000 FCFA.

Chiffre d'Affaires Mensuel :

15.000 FCFA x 26 (jours travaillés par mois) = 390.000 FCFA.

Salaire du chauffeur : 390.000 FCFA x 26 % = 101.400 FCFA.

**Mini-bus**

**Chauffeur** :

Recette journalière à verser au propriétaire : 10.000 FCFA.

C.A.M :

10.000 FCFA x 26 (jours travaillés par mois) = 260.000 FCFA.

Salaire du chauffeur : 260.000 FCFA x 40 % = 104.000 FCFA.

**Contrôleur (encaisseur) du mini bus**:

Recette journalière à verser au propriétaire : 50.000 FCFA.

C.A.M :

50.000 FCFA x 26 (jours travaillés par mois) = 1.300.000 FCFA

Salaire du contrôleur : 1.300.000 FCFA x 7 % = 91.000 FCFA.

**Bus**

**Chauffeur** :

Recette journalière à verser au propriétaire : 80.000 FCFA.

C.A.M :

80.000 FCFA x 26 (jours travaillés par mois) = 2.080.000 FCFA

Salaire chauffeur : 2.080.000 FCFA x 6, 25 % = 130.000 FCFA

**Contrôleur (encaisseur)** :

Recette journalière à verser au propriétaire : 80.000FCFA

C.A.M :

80.000 FCFA x 26 (jours travaillés par mois) = 2.080.000 FCFA

Salaire du contrôleur :2.080.000 FCFA x 3,75 % =78.000 FCFA

**Taxi « cent-cent »** :

Recette journalière à verser au propriétaire : 9000 FCFA

C.A.M :

9000 FCFA x 26 (jours travaillés par mois) = 234.000 FCFA

Salaire du chauffeur : 234.000 FCFA x 10 % = 23.400 FCFA

**Chargeur** : 100 FCFA par bus rempli.

Cette circulaire est importante pour réglementer ce secteur et mettre un terme à certaines pratiques. En même temps, on peut se demander si les pouvoirs publics et le syndicat des employés ont le pouvoir de la faire respecter, compte tenu de la puissance du lobby des transporteurs.

### L'HYGIÈNE ET LA SÉCURITÉ

Tout au long de l'exécution de leur contrat, les employés courent des risques divers. Risques liés à l'hygiène du personnel (travailleurs) et ceux relatifs à l'état du bus et autobus.

Le législateur s'est efforcé de protéger les employés (travailleurs) contre ces dangers en édictant la loi 45/75 du 15 mars 1975. L'hygiène et la sécurité sont des données importantes lorsqu'on s'occupe de la vie des usagers en matière de transports. Dans le cas des transports collectifs privés à Brazzaville, quelles dispositions les propriétaires des véhicules prennent-ils pour protéger les clients et les employés ?

### L'hygiène

Les mesures d'hygiène ont pour but de protéger la santé aussi bien des usagers (clients) que des travailleurs dans les bus et minibus.

### L'hygiène dans les bus, minibus et taxis

La concurrence pure et parfaite entre les différents transporteurs a considérablement amélioré l'hygiène dans les bus et minibus. Cependant, il faut noter que les bus et minibus desservant les quartiers périphériques n'offrent pas les conditions d'hygiène suffisantes par rapport à ceux qui assurent le transport des usagers en centre-ville.

### L'hygiène individuelle

L'hygiène individuelle n'est pas vraiment assurée, les employés du secteur informel sont exposés aux risques de tout genre. Entre autres risques que courent les employés des transports collectifs urbains, il y a la non-protection des mains pour les chauffeurs et les contrôleurs.

### La sécurité

Les mesures de sécurité concernent essentiellement la prévention des accidents de travail, des maladies professionnelles et des incendies. Il s'agit donc d'assurer la sécurité des clients (usagers) et celle des employés dans les bus ou minibus.

**La sécurité dans les bus, minibus et taxis**

La presque totalité des bus et minibus ne dispose d'aucun dispositif de sécurité. Les clients et les employés sont sérieusement exposés aux problèmes d'insécurité. La réglementation internationale en matière de transport dispose que *« les véhicules destinés au transport public de personnes doivent obligatoirement être équipés d'au moins deux rétroviseurs. Le rétroviseur intérieur étant obligatoire, et ne doit pas être masqué par les voyageurs même debout »*[53], ce qui n'est pas le cas dans certains bus.

Dans une enquête réalisée par la Direction Générale de l'Administration Routière, il a été constaté que 95% ne disposent ni de boîte de pharmacie, ni d'un extincteur d'incendie. L'inexistence quasi remarquable de ces instruments fondamentaux pour la sécurité a également attiré notre attention au cours de nos investigations. Nous avons constaté qu'aucun bus ne disposait d'un extincteur d'incendie et qu'un seul avait à bord une boîte de pharmacie.

La réglementation internationale sur les transports publics de personnes dispose que *« tout véhicule de transport urbain doit être muni d'une boîte dite de « premiers secours d'urgence » contenant un certain nombre d'objets et produits pharmaceutiques permettant de donner les tout premiers soins »*. Et dans cette même réglementation, on trouve une autre disposition. Celle-ci dispose que *« les véhicules destinés au transport public doivent être munis d'un extincteur d'incendie de capacité suffisante, en bon état de fonctionnement, placé à la portée du conducteur »*[54].

Une révision périodique s'impose à chaque véhicule de transport urbain, comme le souligne un rapport de la Direction Générale de l'Administration Routière : *« les véhicules destinés au transport public doivent être soumis à des révisions périodiques complètes portant sur les organes et accessoires qui intéressent la*

---

[53] BESSON (Antoine) : Les transports devant la loi pénale Rousseau et Compagnie - Paris, 1968.

[54] BESSON (Antoine) : Les transports devant la loi pénale Rousseau et Compagnie - Paris, 1968.

*sécurité, notamment les organes de direction et de freinage, les projecteurs, les amortisseurs, les portes et autres »*[55].

Au cours de cette étude, nous avons remarqué que cette dernière disposition est souvent respectée lorsque le bus est neuf ou appartient à un transporteur ayant un niveau d'instruction élevé.

Au regard de tout ce qui vient d'être dit sur les conditions d'hygiène et de sécurité, on peut affirmer que les employés des transports publics à Brazzaville travaillent dans des conditions difficiles. Et si on ajoute à celles-ci d'autres dispositions que les employeurs connaissent mais ne respectent pas, on peut souligner sans risque de nous tromper que c'est à cause des conditions de travail relativement difficiles des employés que le système de transport actuel est inefficace. Les dispositions qui s'ajoutent à celles déjà évoquées plus haut sont :

- L'immatriculation par l'employeur à la Caisse Nationale de Sécurité Sociale de tous ses employés,
- le régime de travail et les normes universelles suivantes : (maximum huit heures de travail par jour, une semaine de travail de 170 heures et un repos minimal obligatoire entre deux séances de conduite de 16 heures),
- recrutement d'un nombre nécessaire d'employés afin d'assurer une rotation des équipages. Assurer une rémunération raisonnable à chaque employé.

La non-observation de toutes ces dispositions décourage, affaiblit et réduit la performance des employés. Ce qui a pour conséquence directe les manifestations suivantes observées sur le terrain.

Dans le cas de non-observation d'une ligne annoncée d'avance, le client qui devrait être exempté du paiement du trajet déjà effectué ne l'est pas.

---

[55] Direction Générale de l'Administration Routière : Rapport annuel 2008.

Les motifs sociaux de handicap physique constituent dans certains cas les critères de sélection, de discrimination pour être accepté dans certains bus.

Pour prétendre faire des recettes journalières importantes et appréciables par l'employeur, les employés, au lieu de transporter un nombre acceptable de passagers pour garantir la commodité, l'hygiène et la sécurité du voyage, imposent aux usagers certaines conditions difficiles de voyage (d'où l'expression très courante dans les bus circuit fermé « cinq-cinq »). Sur un siège réservé pour quatre personnes, une cinquième y est ajoutée, d'où l'expression « cinq-cinq ».

L'impolitesse, les grossièretés ou la brutalité sont couramment observées.

### LES SCÈNES DE VIE

## Jean-Michel (contrôleur)

*« Le plus grand rêve de ma vie est de passer un permis de conduire et d'être chauffeur »*. Jean-Michel est au chômage depuis quatre mois. Il est à la recherche d'un nouvel emploi. Il est âgé de 24 ans et a abandonné ses études à l'âge de 13 ans. Ses parents, très tôt, l'ont mis en apprentissage dans les ateliers de soudure, de peinture, ou de tôlerie, mais il n'a pas pu supporter les caprices de ses formateurs et le rythme du travail, qu'il a fini par tout abandonner.

Il habite chez son oncle maternel et il est célibataire sans enfant. Pour subvenir à ses multiples besoins, il a choisi d'être employé en qualité de contrôleur dans les « foula-foula » (bus ou minibus) : *« à mon âge, je ne peux plus apprendre un métier. Car il me manquera la patience. En ce moment, j'aime des métiers qui me rapportent tout de suite de l'argent. C'est le cas de celui que j'exerce en ce moment, le métier de contrôleur. Il me permet de manipuler de l'argent à longueur de journée »*.

Jean-Michel reconnaît que malgré les avantages que son métier procure, celui-ci demande une maîtrise permanente de soi. Car *« les clients sont quelquefois des êtres insupportables. Ils se permettent de t'injurier ou de t'engueuler comme leur enfant. Et chaque soir, il faudrait s'attendre aux injonctions du patron ou des membres de sa famille »*. Le grand problème des patrons, affirme Jean-Michel, est leur grande soif de recettes journalières importantes, quelle que soit la période. C'est justement cette exigence qui constitue la première source de conflit entre les employés et leur patron. C'est aussi ce point précis qui est à l'origine des résiliations de plusieurs contrats de travail.

Jean-Michel a déjà travaillé dans cinq minibus. Mais dans le dernier véhicule où il a servi, il reconnaît avoir gardé un mauvais souvenir de son propriétaire. Quelle que soit la date (fin du mois, milieu, ou début du mois), son patron lui exigeait une recette supérieure ou égale à 25.000F CFA, ce qui est possible en fin du mois, mais très difficile en milieu de mois.

*« C'est justement ces exigences des patrons qui poussent les employés à sectionner aux heures de pointe surtout, ou à abandonner les trajets jugés non rentables au profit d'autres plus sollicités. Ce n'est pas un simple caprice de notre part, mais à la fin de la journée, il faudrait que le patron soit content »*.

Jean-Michel avait été recruté en présence de sa sœur aînée sous la présentation simple de sa carte nationale d'identité. Son contrat avait été rompu sans préavis, à la suite des versements d'une série de recettes journalières très « maigres ». Jean-Michel avait l'habitude de remettre chaque soir une enveloppe comprise entre 24.000 et 30.000 F CFA, mais lors des évènements sociaux qui ont endeuillé plusieurs familles à Brazzaville, à cause de l'insécurité, les recettes journalières de Jean-Michel avaient diminué de moitié, ce qui n'a pas plu à son patron qui l'a simplement révoqué un soir, sans autre forme de procès.

Non seulement son patron ne voulait pas entendre parler de congés durant les deux années de travail, en plus, il lui exigeait de travailler de 6h à 20 h, avec un repos entre 15h et 15h30 minutes. Son patron ne supportait pas les frais liés à la santé et ne versait pas non plus, à la Caisse de Sécurité sociale, les contributions sociales pour le compte de son personnel. Jean-Michel travaillait six jours dans la semaine et se reposait le septième jour. Il avait choisi le jour du dimanche pour son repos hebdomadaire, et son recueillement personnel.

Jean-Michel affirme avoir entendu parler d'un syndicat des employés des bus et minibus, mais il n'y a jamais adhéré : *« il y a trop d'injustice là-dedans »*, souligne-t-il.

**Paul (chauffeur)**

Monsieur Paul fut un employé de l'Office National de Commerce en qualité de chauffeur. A la fermeture de cette entreprise, il devient taximan. Mais suite à plusieurs contradictions intervenues entre lui et son employeur (surtout sur la faiblesse des recettes journalières), il quitte le taxi et sollicite une place auprès d'une enseignante au lycée, propriétaire d'un bus de marque Toyota Coaster (communément appelé « circuit fermé »).

C'est dans ce bus qu'il est employé, aujourd'hui, en qualité de chauffeur. Il y travaille depuis trois ans et n'a jamais bénéficié de congés annuels, *« il est plus facile et agréable d'avoir comme patron un homme qu'une femme. Malgré le temps que nous avions déjà passé ensemble, nous ne nous sommes jamais compris parfaitement. Elle m'a toujours fait remarquer que si je voulais vraiment d'un congé, elle n'hésiterait pas à résilier mon contrat et à embaucher un autre chauffeur »*.

Monsieur Paul entretient deux foyers, celui de la mère de ses quatre enfants et un autre où habite sa maîtresse « deuxième bureau », il est locataire.

Monsieur Paul n'a jamais été enregistré à la Caisse Nationale de la Sécurité Sociale. Il est membre de l'association des employés des transports urbains.

La patronne de Monsieur Paul n'admet pas que son véhicule puisse tomber en panne. *« Elle pense toujours que les pannes sont dues à l'inconscience des chauffeurs. Or, il y a des pannes qu'on ne peut pas éviter, surtout pour un véhicule qui roule tous les jours. Et avec un réseau routier complètement détérioré, on ne peut pas être à l'abri d'une quelconque panne ».*

A cause de la réfection constante des routes goudronnées, Monsieur Paul n'exploite que la ligne « marché Total, marché du plateau des 15 ans, rond-point Moungali, gare centrale du chemin de fer, grande poste, marché Total ». Le choix de cette ligne est également lié à l'affluence permanente des clients, obligés de quitter leur résidence (quartiers populaires) quotidiennement, pour se rendre à leur lieu de travail, au marché, à l'école ou dans les administrations publiques (centre-ville).

En cas de maladie, la patronne de Monsieur Paul ne supporte pas les frais des soins et pendant ces jours, s'il ne travaille pas, son salaire est réduit.

Monsieur Paul n'apprécie pas le rythme de travail auquel il est soumis. Les horaires qui lui sont imposés l'empêchent d'être souvent avec ses enfants. Il a l'intention de changer de patron car, non seulement les conditions de travail, actuellement, ne lui permettent pas de se récréer, mais en plus, il ne supporte plus qu'il soit payé souvent en retard (après 45 jours de travail quelquefois, voire deux mois).

### Monsieur Fidèle (transporteur)

Monsieur Fidèle dispose d'un bus de marque Toyota Coaster qu'il a acheté neuf, à 28 millions de francs CFA, après son licenciement de l'Union Congolaise des Banques (UCB). Il emploie deux travailleurs, un chauffeur et un contrôleur, qui sont payés respectivement à 110.000F CFA et 85.000F CFA. Il a imposé à ses employés de lui verser par jour la somme de 75.000F : *« pour acheter mon bus, je me suis beaucoup sacrifié. J'ai à ma charge une grande famille. Je suis tenu de verser à mes employés leur dû mensuel. Je dois faire face à toutes les dépenses liées à l'entretien du véhicule. Et je dois m'acquitter de mes obligations vis-à-vis de l'autorité publique (taxe de roulage et droit de stationnement, patente, cotisations sociales à la CNSS). Le montant de toutes ces taxes me revient à près de 786.000 francs tous les deux ans ».*

Monsieur Fidèle change d'employés tous les 12 mois. Cette façon de faire lui évite des ennuis avec ses travailleurs : *« moi, j'aime les travailleurs sérieux et honnêtes. A un certain moment, vous avez l'impression d'être exploité par vos employés, et cela vous le constatez par des versements journaliers insignifiants. J'ai souvent remarqué que les employés sont pleins de bonne volonté au début, mais après, ils brillent par une inconscience remarquable. C'est justement à ce moment-là que j'en recrute d'autres ».*

Monsieur Fidèle n'est pas satisfait de l'attitude des services municipaux. Il affirme que s'il y a souvent eu défaillance des transports urbains, c'est à cause de la désorganisation de la Mairie (absence d'une politique de la gestion urbaine).

## INTERPRÉTATION DES SCÈNES DE VIE

Cette étude a été réalisée dans un climat social très tendu. C'était le passage du système de gouvernement à parti unique vers un système démocratique fondé sur une pluralité des partis politiques. Cette période a été marquée par des confrontations interethniques, des revendications et des troubles sociaux aigus. Les acteurs sociaux ont vécu dans une grande méfiance les uns vis-à-vis des autres. Au cours des entretiens, nous nous sommes rendu compte que les rapports entre les employés (chauffeurs, contrôleurs) du système des transports collectifs urbains et les transporteurs (propriétaires) étaient souvent conflictuels. Ainsi, pour en savoir davantage, la réalisation des scènes de vie nous a paru nécessaire pour approfondir certains thèmes survolés tout au long de l'enquête. Il s'agit notamment des thèmes comme le contrat de travail, la rémunération, la résiliation du contrat de travail ou du congé.

Jean-Michel (contrôleur), Paul (chauffeur) et Monsieur Fidèle (transporteur) sont des personnes qui font bien partie de notre échantillon. Chacun d'eux représente les trois composantes sociales directement impliquées dans le fonctionnement des transports collectifs privés à Brazzaville. Nous sommes partis du principe que tous les individus composant mon échantillon présentent les mêmes avantages. Malgré le climat de méfiance à Brazzaville, les trois personnes précitées n'ont trouvé aucun inconvénient pour exposer, respectivement, leur trajectoire.

Le fait important que nous retenons à exprimer est que Jean-Michel, Paul et Monsieur Fidèle sont conscients qu'ils participent, en assurant le déplacement des personnes, à la dynamique sociale de la ville. Chacun d'eux, par rapport aux prestations rendues, bénéficie d'une rémunération pour survivre. Intérêts divergents parce que les employés aspirent à une rémunération suffisante pour vivre et aux conditions de travail qui respectent les normes du Code International du Travail.

Les employeurs luttent, d'une part, pour réduire les charges financières et pour accumuler davantage d'argent, d'autre part.

Il est difficile de se référer au Code du Travail en cas de conflit car l'organisation des transports collectifs du secteur informel obéit à une pratique sociale urbaine non ratifiée, issue de la rencontre en ville de plusieurs cultures.

Lors de la signature du contrat de travail, Jean-Michel, en présence de sa sœur, avait présenté seulement sa carte d'identité. Au cours de cette rencontre, la discussion entre les deux parties n'avait porté que sur les modalités de rémunération et sur les obligations que Jean-Michel devait avoir vis-à-vis de son patron : lui verser quotidiennement une recette « acceptable » comprise entre 24.000F CFA et 30.000F CFA. Les questions liées aux congés, à la Sécurité Sociale ont été négligées. A cause de la réalisation des faibles recettes, Jean-Michel a été révoqué sans préavis, après deux années de travail. Non seulement il n'a bénéficié d'aucun congé, mais son patron le faisait travailler durant 14 heures dans la journée (de 6h du matin à 20h). Au regard de cette situation, nous nous sommes rendu compte que le rendement de Jean-Michel a été affecté par la fatigue que celui-ci a accumulée pendant deux années de travail sans relâche.

La perception de Paul n'est pas très différente de celle de Jean-Michel. Mais celle de Paul introduit une nuance importante ; en dehors de l'état des routes goudronnées, des rapports sans cesse conflictuels avec sa patronne, ce dernier souligne une incompatibilité entre la vie du travail et la vie hors travail. Le rythme de travail l'empêche d'être souvent avec les membres de sa famille, ce qui pourrait avoir un effet négatif sur le rendement de Paul.

Le témoignage de Monsieur Fidèle se focalise autour de la défense de ses intérêts personnels, notamment quand il dit que *« je me suis beaucoup sacrifié pour acheter ce véhicule »*. Il perçoit une sorte d'exploitation de la part de ses employés. Peut-on réellement parler d'une « exploitation » ou d'une aliénation entre les différentes composantes sociales dans un processus de production au sein du secteur informel ? Peut-on parler d'une relation pédagogique dans la socialisation des cadets par les aînés ?

Dans « Traité de sociologie du travail », Georges FRIEDMANN et Pierre NAVILLE soulignent que *« tout travail mal choisi, inadapté à l'individu entraîne pour celui-ci des effets nocifs. Tout travail ressenti comme quelque chose d'étranger par celui qui l'accomplit est, au sens propre du terme, un travail aliéné »*. A la lumière de cette assertion, nous aurions dû demander à Jean-Michel ou à Paul si ce travail n'était pas pour chacun d'eux un moyen de gagner simplement de l'argent, afin d'investir dans un autre domaine, ou une façon pour eux d'échapper à la crise de l'emploi observée au Congo ces dernières années.

Les exposés de Jean-Michel et de Paul sont clairs. Chacun d'eux a dépassé l'âge de la majorité (18 ans). Ils doivent donc s'assumer. Car ils ne doivent plus compter sur la solidarité familiale. Dans un pays en crise de l'emploi, les individus n'ont plus de préférence. Si d'autres possibilités leur avaient été favorables, ils auraient pu choisir certainement un autre travail pour échapper aux invectives, aux humiliations et aux contradictions permanentes avec leurs patrons. Travailler 14 heures par jour pour un modeste salaire, ne pas bénéficier de congés pendant plusieurs mois, ne pas être déclaré à la Caisse Nationale de Sécurité Sociale, et ne pas disposer d'assez de temps pour rester en famille nous paraissent des arguments tangibles pour affirmer que ce travail est inadapté, une chose étrange pour les deux employés. Nous pouvons donc parler d'une aliénation. Le débat sur cette question va pouvoir se poursuivre dans le chapitre suivant.

### TENTATIVE D'ANALYSE SOCIOLOGIQUE

L'examen des politiques urbaines, notamment sur le transport, mises en place à Brazzaville, a permis d'en montrer les limites car elles ignorent totalement les habitants en raison de leur technicité ou de leur complexité. Cette défaillance a donné naissance à un cadre de vie incompatible avec la culture populaire des utilisateurs. L'autre défaillance que nous avons pu déceler est celle qui est due au fait que les gouvernements ne perçoivent pas la distorsion considérable que les services d'aménagement urbain sans nuance créent.

Tout au long de cette étude, nous avons noté que les services municipaux de la ville de Brazzaville souffrent de certains principes classiques (hérités du système colonial). Selon eux, les projets urbains doivent avoir un certain rendement dans une échéance brève avec un budget déterminé. Dans ce cas, proposer une démarche telle que la prise en considération des comportements populaires remettrait en question toute une tradition technocratique.

Pour exclure davantage la population dans la conception des projets urbains, l'Etat par le truchement de la municipalité, a mis en place un véritable mécanisme d'opposition entretenu par ses fonctionnaires. Pour expliquer son approche, la municipalité de Brazzaville estime qu'il est précoce d'intégrer les pratiques spatiales des Brazzavillois dans les projets urbains parce que leurs vœux seraient irréalistes, utopiques et non réalisables. Sur le terrain, on constate que pendant plusieurs années, les populations ont été exclues, et marginalisées à la prise des grandes décisions sur la gestion de la ville. Pour éviter un écart trop grand entre ceux qui détiennent le pouvoir et l'ensemble de la population, la municipalité a mis en place une forme plus souple de dialogue basée sur les projets d'auto-assistance.

Ces projets ont pour objectif d'atténuer les revendications sociales à travers les actions de dissuasion, auprès des populations, menées par les élus locaux. Il s'agit de concilier les vœux des populations avec le programme municipal. Dans ces projets, la population ne dispose pas d'une responsabilité réelle dans la conception des projets d'urbanisme.

Nous savons qu'il est difficile de mettre sur pied la participation populaire dans des vastes projets au niveau régional, mais quand il s'agit de l'aménagement urbain, cela semble important. Le transport urbain, un des maillons de la dynamique urbaine, est du coup affecté lorsque la gestion de l'ensemble de la ville n'est pas suffisamment prise en compte.

Il est nécessaire de prendre en considération les pratiques urbaines populaires et par conséquent, de modifier une approche urbaine trop hermétique. Il est donc impérieux de mettre un accent sur les réalités locales, car il semble qu'il sera difficile d'assurer une croissance, ou une dynamique urbaine sans considérer la participation populaire. Le décalage culturel et ses effets négatifs sur la croissance urbaine nous conduisent finalement à faire la proposition d'une nouvelle démarche. Nous proposons une politique urbaine fondée sur la planification participative dans laquelle la consultation des usagers paraîtrait fondamentale.

La concentration des pouvoirs par l'Etat et la municipalité a favorisé l'apparition d'attitudes ou comportements sociaux nouveaux. La recherche de petits gains, de revenus complémentaires aux revenus largement insuffisants des ménages du Congolais moyen, la pratique d'une activité de survie éventuellement illicite, en somme, le mobile strictement économique, peuvent être une explication suffisante de l'émergence du système informel de transport à Brazzaville. Mais il faudrait y ajouter ce que nous qualifions d'une réponse logique, une réaction spontanée de la population vis-à-vis du pouvoir central.

La confirmation du secteur informel est donc la conséquence d'un rapport de force que la municipalité de Brazzaville exerce sur la population. Tout se passe entre deux moments essentiels : la conception et l'exécution. L'exclusion de la population dans la conception des projets urbains serait l'élément fondamental de l'apparition des taxis « cent-cent » et des « foula-foula ».

En dehors du point précédemment évoqué, un autre niveau d'interprétation permet de comprendre l'émergence des activités du secteur informel. Il s'agit de l'effritement de la cohésion sociale au niveau de la structure familiale en ville et de l'apparition d'une nouvelle forme de sociabilité.

En effet, tout au long de cette étude, nous avons constaté que les activités du secteur informel, notamment les transports collectifs, emploient les personnes de tous les âges : enfants, adolescents et adultes, les uns sont chargeurs, contrôleurs ou chauffeurs, et les autres transporteurs (propriétaires). Cette prise en charge de personnes de différentes générations par le secteur informel a-t-elle une explication sociologique dans la réalité congolaise ?

Aujourd'hui, Brazzaville rassemble près du tiers de la population du Congo, les villages se dépeuplent. A tel point que le rapport de force numérique entre population urbaine et population villageoise est nettement en faveur de la première. Depuis « les Brazzavilles Noires », décrites par BALANDIER en 1955, le contexte social et, en particulier, l'organisation familiale urbaine, semblent avoir singulièrement changé. Bien qu'il montre que les relations de parenté continuent d'être le cadre de référence en fonction duquel les rapports entre individus s'organisent, BALANDIER a prévu un effacement des relations fondées sur la parenté au profit d'une exacerbation des rapports économiques. Compte tenu de la pénurie des emplois dans la fonction publique congolaise, conséquence d'une crise économique aiguë, les individus, comme ceux que nous avons interrogés, notamment les chargeurs, les contrôleurs et certains chauffeurs, se sont réfugiés dans la solidarité familiale pour se sécuriser.

La gestion de la ville de Brazzaville obéit aujourd'hui à deux systèmes : un système contrôlé par l'Etat (secteur formel), un autre, aussi important que le premier, issu des pratiques de la société traditionnelle (secteur informel).

Le secteur formel est généralement présenté comme celui qui connaît un certain dynamisme, au niveau des innovations technologiques, qui sont à la base d'une politique industrielle financée par les organismes d'Etat. La production est organisée au sein d'unités indépendantes de la famille. Les seuils de subsistance sont franchis et les consommations les plus diverses augmentent rapidement. Ce secteur utilise un capital fixe, qui constitue une barrière à l'entrée pour les entrepreneurs individuels. Il a accès aux capitaux institutionnels et la principale source de financement est l'emprunt. Dans le secteur informel, les activités sont gérées et organisées selon des pratiques traditionnelles.

Plusieurs personnes interrogées avouent avoir reçu leur formation, pour être chauffeur, à travers une relation amicale : un parent ou un ami.

Aussi, nous avons observé qu'un très grand nombre de contrôleurs étaient embauchés moyennant une certaine somme d'argent et des biens en nature, comme le coq et la dame-jeanne de vin rouge (deux éléments fondamentaux qui symbolisent le début d'un accord entre deux ou plusieurs personnes ou deux groupes sociaux). Il apparaît clairement que le secteur étudié est avant tout un secteur de subsistance adapté aux contraintes économiques et sociales du pays. En effet, il assure la survie de familles entières. Si les activités de ce secteur relèvent aussi de l'économie monétaire, il faut noter toutefois que les revenus engendrés sont extrêmement faibles et permettent d'obtenir tout juste les biens de première nécessité.

Les revenus journaliers des chargeurs ou les salaires des contrôleurs ne leur permettent pas d'épargner à cause du coût élevé de la vie, leurs revenus ne leur permettent que de survivre.

Dans ce secteur, le niveau de vie n'est pas généralement différent de ce qu'il est en milieu rural. Le capital de départ est très faible, et l'absence de qualification professionnelle engendre un accroissement de plus en plus rapide de ce secteur : près de 60% de la production nationale congolaise est aujourd'hui issue de ce secteur. Il tend ainsi à camoufler le chômage toujours accru et sert à compenser les demandes d'emploi non satisfaites en milieu urbain. Il présente incontestablement une véritable absorption de main-d'œuvre. Il permet aux classes moyennes d'améliorer leur pouvoir d'achat.

Dans les familles des transporteurs, tous les membres sont impliqués dans la gestion du taxi ou du bus. Les femmes et les enfants participent de la même manière que les hommes au combat pour la survie. Les capitaux faibles proviennent de l'épargne individuelle ou familiale. La plupart des transporteurs que nous avons interrogés ont acheté leur véhicule avec les ressources personnelles. Cette observation suscite plusieurs questions dont celles-ci : d'où proviennent les capitaux énormes qui ont été investis dans les transports collectifs urbains ? Ces nouveaux propriétaires seraient-ils des anciens responsables politiques ?

Ces questions pourront faire l'objet d'une autre étude dans un futur relativement proche. Cependant, répondant à la seconde question, dans un rapport annuel de l'année 1992, la Direction Générale de l'Administration Routière souligne en substance que les vrais propriétaires de la plupart des « foula-foula » ou des taxis seraient des anciens responsables politiques du pays. Pour se disculper, ils les ont fait enregistrer sous le nom d'une sœur, d'un frère ou d'un parent proche.

L'effondrement du régime du parti unique a donné naissance, avec l'affirmation du secteur informel, à une élite commerçante pas encore dynamique. Mais sa présence est ressentie aujourd'hui, dans tous les domaines de la vie sociale. Elle exerce une grande influence dans le petit commerce, dans la bureautique, dans l'éducation (écoles privées), dans la santé (cabinets médicaux et pharmacies) et dans le transport collectif.

Pour l'Etat, cette élite devient un partenaire privilégié. Elle supplée à certains devoirs de l'Etat (Etat ancien pourvoyeur légal de l'emploi pendant plusieurs années) en créant davantage d'emplois. Elle œuvre pour atténuer les angoisses des populations et les revendications sociales. Il existe une grande complicité entre l'Etat et la nouvelle élite. L'Etat contrôle le secteur formel et la nouvelle élite s'occupe du secteur informel. Ces rapports ambigus empêchent l'Etat d'intervenir souvent dans l'organisation des activités du secteur informel.

Le secteur informel, tel qu'il se présente au Congo, offre plusieurs avantages à toutes les couches sociales. Cependant, il fonctionne sur la base des pratiques sociales urbaines. Comme le souligne Raymond LEDRUT, les pratiques urbaines sont *« un ensemble des usages purement individuels de l'espace »*. Perçues sous cet angle, les activités du secteur informel ne disposent pas d'un code de fonctionnement commun, ce qui pose d'énormes problèmes d'efficacité. Et l'Etat reste silencieux devant certains conflits qui interviennent dans ce secteur.

Le cas des transports collectifs privés à Brazzaville est un exemple concret qu'on pourrait citer. Ce domaine emploie deux catégories d'individus fondamentales, à savoir : les employés et les employeurs. Toutefois, l'Etat reste un interlocuteur incontournable pour les deux groupes.

Les rapports de ces deux composantes ont souvent été conflictuels. Les intérêts divergents auxquels ils aspirent ont créé deux classes contradictoires : d'une part, les « cadets sociaux » (employés) et les « aînés sociaux » (transporteurs), d'autre part. Comme dans les sociétés traditionnelles d'Afrique Noire, les pouvoirs sont concentrés entre les mains des aînés qui les exercent par le biais d'us et coutumes. Les cadets sociaux du système informel de transport subissent une sorte d'aliénation vis-à-vis des aînés sociaux (l'élite, elle, détient une puissance économique). Georges FRIEDMANN et Pierre NAVILLE soulignent que : *« tout travail ressenti comme quelque chose d'étranger à celui qui l'accomplit est au sens propre du terme un travail aliéné ».*

Le travail pour éviter d'être aliénant doit bénéficier de conditions favorables du point de vue technique et physiologique autant que psychologique. Les cadets ont le sentiment que leur travail n'est pas équitablement rémunéré, tenant compte du quota horaire quotidien du travail (souvent 14 heures de travail journalier ; cas de Jean-Michel, le contrôleur). Ils estiment également que les aînés ne leur offrent pas des conditions favorables de travail. Les employés, pour la plupart, ne sont pas déclarés à la Caisse Nationale de Sécurité Sociale. Ils ne bénéficient pas très souvent de congés annuels.

L'Etat est toujours informé des abus constatés dans ce secteur. Il reste souvent silencieux. Dans ces périodes de crise aiguë de l'emploi, les aînés exercent leur pouvoir social dans la capacité qu'ils ont de créer et de contrôler les emplois et d'en assurer la distribution.

### FIN DE L'HISTOIRE

Dans ce texte nous avons essayé de mettre en relation plusieurs facteurs sociaux pour rendre intelligible la question des transports collectifs à Brazzaville. Nous avons notamment abordé la question de la croissance urbaine, de l'économie de marché, de la crise de l'emploi, du contexte politique et des pouvoirs publics.

Cette réflexion sur les transports collectifs nous a permis de relever plusieurs éléments endogènes et exogènes qui sont susceptibles d'avoir provoqué cette crise des transports.

D'abord, le prix du titre de transport s'est maintenu pendant plusieurs années à cent francs C.F.A le trajet, alors que le processus d'inflation progressait dans des proportions très importantes. Les différentes entreprises qui utilisent des biens importés se sont trouvées dans l'impossibilité de combler l'ensemble des coûts ; les tarifs n'étant pas indexés sur les coûts.

Le surplus d'exploitation nettement insuffisant ne pouvait financer l'entreprise. Le manque à gagner s'est répercuté d'année en année, débouchant sur une situation de crise structurelle et l'entreprise, dans l'incapacité à la fin de l'exercice de réinjecter un surplus quelconque, s'est trouvée asphyxiée, entraînant la dégradation de l'offre des transports dans la ville.

En 1982, le système de transport, tel qu'il se présentait à Brazzaville, souffrait d'innombrables problèmes. Plusieurs paramètres exprimaient la mauvaise qualité des transports urbains.

Aujourd'hui, on estime à 16.817 véhicules de transport collectif, répartis en trois catégories suivant la taille : bus, minibus, taxis. Tous ces véhicules assurent environ 250.000 déplacements par jour. La plupart d'entre eux sont dans un état déplorable.

A mesure que la ville s'agrandit, l'étendue desservie par les transports collectifs ne s'étend pas aux nouvelles zones urbaines ; ce qui signifie en dernière instance que le service se restreint de plus en plus.

Ces dernières années, il n'a pratiquement pas été créé de nouvelles lignes et la solution adaptée le plus souvent a été de prolonger des lignes existantes.

Les quartiers les plus défavorisés sont ceux qui sont situés à la périphérie de la ville. Cette insuffisance de transport est aussi observée dans certains quartiers de la capitale ; mais dans ces quartiers, il y a toujours la solution du taxi pour des populations très peu fortunées.

Il n'y a pas que le problème d'extension de la ville, les transports collectifs, compte tenu de leur importance, vont être confrontés au problème de fréquence des véhicules sur le réseau urbain.

Recherchant le passager facile dans la zone centrale où la demande potentielle est très forte, les foula – foula arrivent à proposer des fréquences allant de trente minutes à une heure à l'intérieur de la ville ; ce qui occasionne aux usagers des pertes de temps, à cause des longues attentes aggravées encore par l'impossibilité de monter dans un véhicule déjà surchargé.

Cette défaillance est en elle-même très significative, les pouvoirs publics interviennent *a posteriori* pour corriger les effets très voyants.

Les restrictions apportées aux transports collectifs ont des conséquences décisives surtout pour les usagers des banlieues périphériques sans infrastructure dense et solide.

Le type de gestion imposé par les pouvoirs publics avec le parachutage de personnel de qualification insuffisante dans les organes de direction est une autre des causes déterminantes de la déconfiture de l'entreprise publique.

Face à cet ensemble de problèmes, les pouvoirs publics ont choisi une orientation nouvelle en matière de transport.

Cette nouvelle politique se manifeste dans la substitution des autobus aux foula – foula à l'intérieur du périmètre urbain dans le but de s'accaparer le marché, par l'élimination de la concurrence.

L'argument principal avancé par les pouvoirs publics pour justifier cette décision était la sécurité. Les foula – foula passaient pour être des véhicules trop dangereux pour les usagers.

Il est vrai que l'argument ne manquait pas de poids, mais le tableau n'était pas si noir qu'on pouvait bien l'affirmer, surtout à la périphérie de la ville dépourvue de réseau de voirie où les foula – foula étaient parfaitement intégrés.

Cette nouvelle politique ne tend pas à exprimer l'écart entre périmètre urbain et la périphérie en matière de transport. On peut voir là une orientation contraire à la croissance urbaine des années cinquante et soixante.

Malgré des efforts et des progrès importants, le problème de transport demeure. Les données de ce problème sont en effet loin d'être satisfaites. Les transports conventionnels dans l'état actuel des choses ne pourront pas satisfaire la demande potentielle dans certaines zones urbaines.

Le principal enseignement que l'on peut tirer de cette esquisse sur l'histoire des transports collectifs à Brazzaville est que les mêmes processus de dégradation ont condamné les différentes régies aux mêmes échecs, laissant la place à des moyens de substitution et en particulier aux foula – foula qui font preuve d'une plus grande efficacité, même s'ils ne satisfont pas aux exigences du service public.

Il apparaît même que la dégradation est allée en s'accélérant lors des différentes phases successives, alors que les moyens mobilisés (parc de véhicules, nombre d'employés) étaient chaque fois plus importants.

# Conclusion

Un des défis de cette étude était d'amener les lecteurs à comprendre les enjeux qui entourent le fonctionnement des transports collectifs à Brazzaville. Entre autres objectifs, nous avons voulu saisir l'impact des activités du secteur informel dans l'organisation sociale et économique des pays d'Afrique Noire.

Nous avons remarqué que l'histoire des transports collectifs dans cette ville a été marquée par une instabilité constante. Instabilité due à l'affrontement permanent de deux secteurs, à savoir le public dominé par l'Etat et le privé contrôlé par la population.

Mais depuis 1986, à cause d'une crise sociale et économique aiguë, renforcée par des remises en question des institutions existantes et des revendications sociales, le monopole que détenait le secteur public sur les transports collectifs urbains, depuis l'indépendance, se brise au profit du secteur privé.

Ce secteur a ensuite ouvert une ère nouvelle dominée par les activités du secteur informel. L'immobilisme a donné naissance à une société dynamique avec la création par la population de nouvelles relations sociales adaptées aux seules conditions de la ville. Ces activités ont contribué au renouvellement de la cohésion sociale. Elles sont devenues des véritables régulateurs sociaux d'une société en pleine mutation. Par régulateur social, nous entendons un ensemble de moyens qui permettent à un système de ne pas exploser sous le poids des contradictions sociales.

L'étude des transports collectifs privés nous a révélé une sorte de différenciation des individus au sein des activités du secteur informel. Ainsi, nous avons constaté l'existence d'une élite commerçante détentrice des moyens de déplacement (bus et taxis « cent-cent »), créatrice et distributrice d'emplois, et des employés en majorité jeunes. Et nous avons assimilé l'élite commerçante à la classe des « aînés », à cause de son pouvoir économique sur l'ensemble des individus d'une société en crise, et les employés aux « cadets », obligés de vendre leur force de travail pour survivre.

Lorsque nous avons commencé cette étude, nous ne savions pas que nous déboucherions sur la question des inégalités sociales et économiques dans le secteur informel, notamment la présence de deux classes aux intérêts opposés : les « aînés » et les « cadets ».

Enfin pour finir, il est important à retenir que la ville de Brazzaville compte 2.017 bus et minibus et près de 14.800 taxis (ordinaires et « cent-cent »[56]), ce qui renvoie à un nombre important d'employés. Retenir un échantillon de 75 enquêtés (10 chargeurs, 15 transporteurs, 20 contrôleurs et 30 chauffeurs) n'est certes pas représentatif. Mais nous avons pensé que ce chiffre, bien que modeste, était pertinent pour comprendre l'organisation des transports en commun à Brazzaville.

---

[56] Direction Générale de l'Administration Routière : rapport annuel 2008.

# Bibliographie

**TARRIUS (Alain), MAROTEL (Georges), PERALDI (M)** : « L'aménagement contretemps » – Edition L'Harmattan – Paris 1988.

**BALANDIER (Georges)** : « Sociologie des Brazzavilles Noires » – Edition Armand Colin – Paris 1954.

**VENNETIER (Pierre)** : « L'urbanisation et ses conséquences au Congo » – CRETH – UPA – Paris 1963.

**MARX (Karl)** : « Le capital » (tome 1) – Editions Sociales – Paris 1976.

**DEBLE (Isabelle) et HUGON (Philippe)** : « Vivre et survivre dans les villes africaines » - IEDES Collection Tiers-monde – PUF – 1982.

**FRIEDMANN (Georges) et NAVILLE (Pierre)** : « Traité de sociologie du travail » – Editions Armand Colin (3ème édition) – 1970.

Recensement général de la population et d'habitat de 1984. Analyse des résultats – Centre National des Statistiques et des Etudes Economiques – Brazzaville 1988.

**Direction Générale de l'Administration Routière** – Rapport annuel de l'année 1992 – Brazzaville 1992.

**Direction Générale de l'Administration Routière** – Rapport annuel de l'année 1991.

**Direction Générale de l'Administration Routière** – Analyse critique de la situation des transports en commun à Brazzaville – juillet 2008.

**Direction Générale de l'Administration Routière** – Desserte de la ville de Brazzaville par minibus (foula-foula) Brazzaville 2001.

**GODARD (Xavier) et KAMA (Joseph)** : Le système de transport collectif à Brazzaville. In : actes du colloque de géographie - MFCAC/ORSTON/AGECO – Brazzaville 1986.

**DORIER (Elisabeth)** : Une traversée des quartiers de Brazzaville – ORSTON/CRETH – Brazzaville 1991.

**SILOU (Robert)** : L'aménagement de l'emploi urbain au Congo : le cas du secteur informel à Brazzaville – Thèse de doctorat 3$^{ème}$ cycle – Université de Bordeaux II – 1981.

## Table des matières

**L'HARMATTAN, ITALIA**
Via Degli Artisti 15 ; 10124 Torino

**L'HARMATTAN HONGRIE**
Könyvesbolt ; Kossuth L. u. 14-16
1053 Budapest

**L'HARMATTAN BURKINA FASO**
Rue 15.167 Route du Pô Patte d'oie
12 BP 226 Ouagadougou 12
(00226) 76 59 79 86

**ESPACE L'HARMATTAN KINSHASA**
Faculté des Sciences Sociales,
Politiques et Administratives
BP243, KIN XI ; Université de Kinshasa

**L'HARMATTAN GUINÉE**
Almamya Rue KA 028 en face du restaurant le cèdre
OKB agency BP 3470 Conakry
(00224) 60 20 85 08
harmattanguinee@yahoo.fr

**L'HARMATTAN CÔTE D'IVOIRE**
M. Etien N'dah Ahmon
Résidence Karl / cité des arts
Abidjan-Cocody 03 BP 1588 Abidjan 03
(00225) 05 77 87 31

**L'HARMATTAN MAURITANIE**
Espace El Kettab du livre francophone
N° 472 avenue Palais des Congrès
BP 316 Nouakchott
(00222) 63 25 980

**L'HARMATTAN CAMEROUN**
Immeuble Olympia face à la Camair
BP 11486 Yaoundé
(237) 458.67.00/976.61.66
harmattancam@yahoo.fr

**L'HARMATTAN SÉNÉGAL**
« Villa Rose », rue de Diourbel X G, Point E
BP 45034 Dakar FANN
(00221) 33 825 98 58 / 77 242 25 08
senharmattan@gmail.com

**L'HARMATTAN MALI**
Rue de Leipzig, face au Palais de la culture,
Porte 203, Badalabougou, Bamako
00 223 20 22 57 24 / 00 223 76 37 80 82
pp.harmattan@gmail.com

Made in the USA
Monee, IL
04 November 2026

67387149R00085